JN175707

「食」の図書館

モツの歴史

OFFAL: A GLOBAL HISTORY

NINA EDWARDS
ニーナ・エドワーズ【著】
露久保由美子【訳】

原書房

目次

第3章　欧米のモツ料理　59

［……］は翻訳者による注記である。

序章◉初めにモツありき

初めにモツありき。モツ——すなわち鳥獣の臓器やバラエティミート、内臓、はらわた、臓物などといわれるものや四肢——は、人間が初めて狩りをした頃から食べられてきた。

モツにはいかにも〝肉〟らしくずっしりしたものから、繊細で上品なものまである。モツは世界中で食され、主食になったり、珍味として愛好されたりしている。人類がまだ火を手に入れておらず、肉を生で食べていた時代でも、内臓であれば筋肉よりも食べやすかった。仕留めたばかりの動物からすぐさま切り取るとさほど固くなく、しかも生命の名残でほんのりと温かかったからだ。ほっそりとした野生動物であっても、内臓には貴重な脂肪がたっぷり蓄えられている。屈強さとスタミナが生きる武器である狩猟者たちは、動物の隠れた部位を食べることで精力と活力を得ていたのである。

大鍋で大量のタマネギ、少量のハーブ、オリーブオイル、白ワインとともに煮込み、ヨーグルトをかけて出されるヒツジのモツ。このキプロス料理は、他の中東の国々やギリシアではさらにたくさんのスパイスが使われる傾向にある。

現代にも残る土着の食文化から、古代人が何をどう食べていたのかがうかがえる。モツは貴重な食料のひとつであり、生で食べることもあれば、直火であぶったり土に埋めてたき火で焼いたりして食べることもあったと思われるが、その名残は伝統食のなかにしっかりと見てとれる。人間にとって火の登場は、筋肉や内臓といった肉のさまざまな部位のおいしさと食感の両方を楽しめるようになることを意味した。

しだいに動物の皮は革袋として使われるようになり、やがて土器が登場すると、調味料やハーブやスパイスを加えて肉をゆでたり煮込んだりすることが可能になった。農耕の発達とともにさまざまな穀物や野菜を食べるようになり、さらに牧畜が始まると乳製品がつくりだされ、肉を人為的に増やせるようになった。家畜は捕食動物［他の動物を捕らえて食べる動物］から守られているおかげで野生動物より運動量が少なく、与える餌（穀物や牧草など）を調整すれば、つくりたい料理に合わせて内臓を大きくさせることすらできるようになった。

◉古代エジプトの壁画

古代エジプトの壁画を見ると、どんなモツが食べられ、どう調理されていたかについての一端を知ることができる。遺体のミイラに供されていた食べもののなかには、旅立つ死者の力の源と考えられていた（動物の）心臓があり、また調理ずみの腎臓があった痕跡も見つかっている。[1]

今日、モツとして肝臓（レバー）が最も受け入れられているのには、ガチョウが長距離を渡る前にたっぷりと食べて太ることに古代エジプト人が気づいたことが大きく影響している。というのも、その時期に捕まえて食べたガチョウの肝臓が異常に大きかったことから、鳥の強制肥育が誕生したからだ。[2]

現在、ルーブル美術館には、エジプト第5王朝（紀元前2498年頃〜2345年頃）

メイドゥムのガチョウ［「メイドゥムの水鳥」あるいは「メイドゥムの鴨」などとも呼ばれ、水鳥の正体は雁ではないかともいわれている］。エジプト、紀元前2620年頃、ネフェルマートとイテットの墓より出土。他の絵では、肝臓を肥大化させるためにガチョウがパン屑とデーツ（ナツメヤシの実）と油を無理やり与えられているようすも描かれている。

末期の高官、ティの墓に描かれたガチョウやカモ、ツルのレリーフが収蔵されている。このレリーフはさまざまな調理風景を描いた部屋からとったものだが、重要なのは、召使いたちが調理する手順を書記官が記録している姿が描かれていることだ。これは、古代からレシピが存在していたことを示しているのではないだろうか。

レリーフを見ると、手で小さく細くまるめられた生地が金色の器におごそかに並べられている。その隣には、この生地を飲み込ませようと鳥の首をマッサージするようすが描かれている。飲み込みやすくするために油と思われる液体がくちばしのなかに注がれている。鳥は列を作り、翼を広げて、見るからに順番が来るのを待ちかまえているようだ。このように、鳥の肥育には巧みな技が必要で、その結果得られた大きな肝臓は有力な地主にふさわしい食べものであり、来世の食べものとして価値が高いと考えられていた。

●古代ギリシアのモツ

モツが古代から食べられていたことを証明する史料がある。古代ギリシアの文人アテナイオス（200年頃活躍）と医師のガレノス（129年頃〜199年頃）による記述は、美食の始まりを描いており、その贅沢の中心にモツがある。

スパルタの厳しい戦士社会では、血液も入れた濃厚な豚のスープを戦いの前に飲む習慣があった。[3] 豚は、手に入れやすいことから最も広く食べられていた動物で、若い豚の乳房と子宮はとりわけごちそうと考えられていた。ヒポクラテス（紀元前460年頃〜370年頃）とガレノスはどちらも牛の肝臓について触れており、たとえば古代アテナイのアリストパネスの喜劇や、黒像式と赤像式の陶器に描かれた宴会シーンの絵からは、さまざまな動物や魚の内臓や脚などが好まれていたことがわかる。[4]

古代ギリシア人は粗食で、低い地位に置かれていた女性にも料理が許されるほど食事の準備が軽んじられていたようだが、それでも、果実、木の実、スパイス、モツをふんだんに使ったペルシア人の食の影響が見られるということは、少なくとも富裕層は、より凝った食事を好んでいたのだろう。臓物といえば私たち自身の肉体とかかわりがあるということもあって、贅沢や過剰さを求める人々を魅了する何かがあるようだ。

肥大させたガチョウの肝臓のことを、ギリシアの詩人アルケストラトス（紀元前4世紀半ば）は「ガチョウの魂」と呼んでいる。[5] 肥育された鳥は、アテナイとスパルタのあいだで互いに対する格好の政治的贈り物と考えられていた。ローマの政治家、大カトーは、ガチョウとカモに水分を含ませた穀物のかたまりを与えるローマの強制給餌の手順を著書で説明している。[6] 肉をやわらかくするために、叩いて砕いたイチジクを食べさせたり、ハチミツ入りのワインを飲ませたりした（このワインは肝臓をおいしくするために雌の豚にも与えられた）。

博物学者で政治家、軍人でもあった大プリニウスは、肝臓を取り出したら、さらに大きく甘くするために牛乳とハチミツに浸すことを勧めている。[7] ローマの詩人ユウェナリスによると、その時代のフォアグラは温かい状態で出されることが多かったという。また、魚のタテジマヒメジ（英名 red muller または surmullet）の肝《きも》も人気で、その繊細な風味が珍重されていた。

ギリシア人とローマ人は牛の血でブラック・プディング［血液を材料として加えたソーセージ。ブラッド・ソーセージと同じ］を作った。紀元前4世紀末頃に書かれたローマの料理書『アピ

古代ローマではガチョウのレバー・パテが非常に珍重されていた。このフランスのパテ・ド・フォアグラにはトリュフとクランベリーが添えられている。

キウス』にはプディングの作り方が記され、きざんだゆで玉子の黄身とタマネギ、リーキ［ポロネギ］、松の実を使って（ただし日常的なプディングであれば穀物を使う）血にとろみをつけ、これを胃の内膜ではなく腸に詰めるとしている[8]。また、一種のブラッド・ソーセージとも言えるボトゥルスは、ローマの路上で売られていた。胃袋の煮込みもまた代表的な料理だった。

叙事詩『イーリアス』では、アンドロマケーが夫ヘクトールの死後、息子の将来を悲嘆して、もう振る舞われることのないモツについてこんなふうに言っている。「これまであの子は、ひたすらヒツジの骨の髄や脂身だけを食べて暮らしていましたのに」。この「ヒツジの脂身」とは、尻や尾に脂肪を蓄える脂尾羊《しびよう》のことで、旧約聖書のレビ記（3章1〜11節）に捧げものとして挙げられている。今日、ヒツジ全体の25パーセントほどを占める脂尾羊種は、主に南東ヨーロッパと北アフリカ、アジアの乾燥地で見られる。

肺は食べられていたが、腎臓はあまり人気がなかった。脳みそはごちそうで、古代ギリシアの哲学者アリストテレスが、一般に広く食べられているものとして言及したり、ガレノスが健康によいと推奨したりしているが、これは意見の分かれるところかもしれない。(9)

数学者で哲学者のピタゴラスとその信奉者は魂の輪廻転生を信じ、脳と心臓は人間にとってとりわけ重要な部位と考えていたため、脳みそと心臓を食べることを避けていた。(10)とはいえ、ピタゴラスとその信奉者の慎み深い食欲は、古代ギリシアの富裕層とは対照的であり、ましてローマの行き過ぎた美食ぶりとは比べるべくもなかった。

モツが、階級を区別するための指標となることもある。ヒバリ、ツグミ、ナイチンゲール、フラミンゴといった鳥類はローマ皇帝のために狩られていたが、食べるのは舌だけだった。なんとも贅沢な話である。哲学者で政治家のセネカは、「動物の一部だけを好み、他の部位を嫌う者たちのばかげた快楽的暴食」を批判した。(11)しかしこの不快感にこそ、動物の内臓という食材に対するローマ人の欲求の強さが表れている。

『アピキウス』は、大網膜《だいもうまく》［胃の下側から垂れ下がった腹膜］とローリエで包んだ豚レバーのスモーク・ソーセージや、脳みそをラビッジ（ラベージ）、オレガノ、コショウ、玉子とともにスープ種でまとめて形成した小さな団子を紹介している。

いわゆる魚醤《ぎょしょう》の「ガルム」は、数か月かけて醗酵させたサバの腸から作られたもので、東南アジアの魚醬「ナンプラー」に似ている。他の風味を消してしまうほど強い味を持つガルムはさまざまな料理で使われたが、このように素材の正体を隠す傾向はあちこちで見られた。ディナー客の感情に配慮するかのように、素材が何なのかわからなくなるほど複雑なソースを使うという、20世紀のモツ料理に見られる特徴の先駆けと考えられるかもしれない。

●ローマ皇帝ヘリオガバルス

遊蕩三昧の浪費家、ローマ皇帝ヘリオガバルスにまつわる逸話では、モツが皇帝の節度のない食欲のシンボルとして描かれている。『アピキウス』の愛読者であったヘリオガバルスは、「ラクダのかかと、鶏のトサカ、クジャクとナイチンゲールの舌、フラミンゴとツグミの脳みそ……オウムとキジの頭、ヒメジのひげ」を食べていたといわれている。[12] 舌を食べていたのは、ひとつには、疫病から身を守るためだったのかもしれないが、鶏のトサカは、珍味としての魅力があるだけでなく、テーブルの上で生きたまま切り取れば戦慄を覚えるような体験ができたからだろう。

ヘリオガバルスは、その地位を利用して、貴重なガチョウの肝臓を惜しげもなく犬に与えたり、妊娠中の豚の乳房という、ふだんであれば大司祭と皇帝のためだけに取っておく貴重

ヤン・バプティスト・ウェーニクス『屠畜された豚』。1647～61年、油彩、キャンバス。

な部位を、召使いたちに30日のあいだ振る舞ったという。めずらしい宴会を開くのを好んだヘリオガバルスは、奴隷と召使いにとてつもない量のヒメジやフラミンゴやツグミの内臓、オウムやキジの頭、クジャクの脳みそを与えている。

贅沢のできない下層階級は、ヒツジの胃袋や血や頭――ユウェナリスの感傷的な言葉を借りれば「靴屋にぴったりのごちそう」[13]――を食べていたのかもしれないが、そのレシピは記録に残っていない。ミレイユ・コルビエは、最下層階級にある奴隷が、かつて酒場で食べた豚の子宮をもう一度味わいたいと切々と願っていることにまで想像をめぐらしている[14]。

古代、モツは世界で広く食べられ、人々の欲求の的になったり、贅沢を意味する料理にもなったりしてきた。ルネサンス期には再び贅沢なモツ料理への関心が復活し、18世紀と19世紀に活躍したフランス料理の名シェフのレシピでは、すばらしい料理にモツが使われている。だがその後、動物を鼻の先から尻尾まであまさず食べる動きが欧米で復活するようになった最近まで、モツの評価はあまり高いものではなかった。

第1章 ◉ モツとは何か

◉モツとは何か

「モツ」とは、どこまでをいうのだろうか。『チェンバース辞典 *The Chambers Dictionary*』には、「もっぱら屠体《とたい》［屠畜された動物の体］の、くず、または廃棄された部分。屠体をさばく際に切り落とされた食用になる部分。とくにはらわた、心臓、肝臓、腎臓、舌など。価値のない、あるいは利用に向かないもの(1)」という、かなり熱のこもった記述がある。

ここには挙げられていないが、他に食用になる臓物には、結合組織、骨髄、肺、脾臓《ひぞう》、胸《きょう》腺《せん》［脊椎動物のリンパ組織のひとつ］、睾丸、乳房、胃袋、頭部およびその要素（脳、目、頰、鼻または鼻口部、耳）と、皮、尾、脚、豚の脂、および血も含まれる。

販売部位の広告に使われていたとおぼしき肉屋の木の模型（1850年頃）。当時の肉の売り方を教えてくれる。

モツといえば、体内の器官、内臓だけと考えられることもあるが、私は、食用になる体の外側部分もひっくるめてモツと考えている。世界各地の市場《いちば》で、モツは家畜や屠体の横に堂々と陳列されている。とはいえ、欧米の肉屋にたまに貼られている動物の食用部位を示すカラフルなポスターには、モツはめったに載っていない。モツを食べたければ駆け引き——もっといえば店との内々の取り引き——が必要な場合もある、ということだ。

◉モツの言語学

各種のモツを遠まわしな言い方で呼ぶこともある。たとえば脾臓の「spleen（スプリーン）」を「melt（メルト）」や「milt（ミルト）」に、肺の「lungs（ラングズ）」を「lights（ライツ）」に言い換えたり、脳の「brain（ブレイン）」を「brawn（ブローン）」や「headcheese（ヘッドチーズ）」、カリカリに焼いた皮の「crisp skin（クリスプ・スキン）」を「crackling（クラックリング）」、睾丸の「testicles（テスティクルズ）」を「prairie oysters（プレアリー・オイスターズ）」や「Montana tendergroins（モンタナ・テンダーグロインズ）」「cowboy caviar（カウボーイ・キャヴィア）」「Rocky Mountain oysters（ロッキー・マウンテン・オイスターズ）」「fries（フライズ）」「swinging beef（スウィンギング・ビーフ）」に言い換えたりする。

「Bath chap（バース・チャップ）」は豚の頬と上あごを指し、下顎を含めることもある。「chitterlings（チタリングス）」あるいは「chitlings（チトリンズ）」は腸、「haslet（ハスレット）」は豚の臓物、「chine（チャイン）」は背骨、「faggots（ファゴッツ）」はモツのミンチの肉団子、「Gaelic drisheen（ゲイリック・ドリシーン）」はヒツジの腸に血とシリアルを詰めたプディングのことだ。(2)

また場合によっては、ある部位が別の部位の名称で呼ばれることもある。たとえば「睾丸testicles」が「sweetbreads（膵臓または胸腺を表す正確な語）」と呼ばれたり、フランス語の「rognons blanc（ロニョン・ブラン／白い腎臓）」と呼ばれたりする。(3)

モツは、乳房、陰茎《いんけい》（ペニス）、産道《さんどう》、膀胱など、あまりにも露骨だったり生物学的だったりする名称で呼ばれることもある。どれもこれも下手な詩か医療ものの映画、ポルノ映画、ドタバタ映画で耳にするような、あからさまな単語ばかりだ。子供が喜んで使いそうな言葉という印象もあるが、成人向けという印象もある。肉屋でさえペニスを「pizzle（ピズル）」と呼ぶなど、わざと表現をあいまいにすることがある。

これですべてを列挙したわけではないが、このテーマの規模や範囲はわかっていただけたと思う。モツを構成する部位は、動物の解剖学的構造に複雑に関連し、当然ながら私たち自身、つまり人体の構造を思い起こさせる。動物は、羽毛、獣毛、爪、歯、そして豚の鳴き声

ポール・サンドビー。写生による銅版画シリーズ「ロンドンの12の叫び」から『胃袋に、牛や子牛の足はいらんかね』。1760年。ぼろを着てやつれた行商が、子牛の足などを積んだ手押し車を押しながら、物売りの声をあげている。

以外なら、どこでも食べられるといわれている。

　ひょっとすると「モツ」という言葉そのものに特有の意味があるのかもしれない。「モツ」は、動物が殺されたあとに落ちたりはがれたりするもの、あるいは、肉屋が肉のおいしい部分を切り取ったあとの残りといったものを連想させる。つまり動物の内部、ぬるぬるした臓器と腺と管と血と組織をごたまぜにしたイメージだ。だからこそ、さほど重要でなく、肉屋の副産物にすぎないという印象を与えるのかもしれない。

　ヒアットとバトラーが書いた中世の料理書では、イングランド南部ウエストサセックス州の町アランデルのレシピを引用しているが、使われている言葉には含みがある。いわく、「去勢鶏と雌鶏《めんどり》とひな鶏とハトのくずを取りのぞき、きれいにする（傍点は著者による）」とある。つまり、モツは肉より劣った価値のないもの、さらにいえば、汚《けが》れた、病原菌だらけの捨てるべきものだといっている。シェイクスピアは『ハムレット』（第2幕第2場）で、腐乱しかけた死体をモツ呼ばわりしている。「あの下劣なやつの臓物で／空飛ぶトビどもを太らせてやっていたはずだ」。

「モツ offal（オーフル）」という言葉は語源的に、オランダ語の afval、ドイツ語の Abfall や Offall、ノルウェー語とスウェーデン語の avfall、デンマーク語の affald、フランス語の abats と結びついている。どれもゴミや動物の廃棄される部分を意味し、食べものを指しているとはかぎらない。

◉モツと比喩

言葉としての「モツ」は、喜劇役者への贈り物だ。モツに関連した数々の言葉、たとえばgiblets（ジブレッツ／鶏などの臓物）やsweetbreads（スウィートブレッズ／膵臓、胸腺、睾丸）やtripe（トライプ／牛などの胃）などは、喜劇役者が好んで使う単語だ。少し不安をかきたてる言葉こそ笑いを誘うものなのだ。イギリスのヨークシャーでは、太った男が愛情を込めて「ジブレッツ」と呼ばれることがある。

ヘビーメタルバンドのオーフルとネクロファジストは、モツにまつわる言葉や比喩を歌詞に使う。ネクロファジストの「醗酵した臓物を引っ張り出せFermented Offal Discharge」はヒット曲となった。政治経済についてのブログ「オーフル・ニュースOffal News」や、イギリス公共放送チャンネル4の1990年代後半の寸劇ショー『テレビ・オーフルTV Offal』は、モツ特有の破滅的なイメージを風刺に取り入れている。

またoffalは侮蔑的用語にもなる。「"de-offaled"になる」とは、嘆きを意味する表現で、落胆したという意味のguttedよりも露骨な言い方だ。またoffalという言葉は、ガラスを切る

ルース・ドュプレ『食肉解体』。2010年、彫刻。ずっしりとしてぬらぬらと光るガラス製の牛の舌が、肉屋のまな板から垂れ下がっている。

ときに出るくずや、小さすぎてそれ以上使いものにならない端切れにも使われる。

offalという単語は、唇をまるめて口蓋でソフトに発音する。口のなかで誘惑的な形をつくるといっていいかもしれない。広母音《ひろぼいん》［舌の位置を上あごから離して調音される母音］に、かなり控えめな「ff」、気持ちよく締める「l」。だが、offalは、ひどい、恐ろしいといった意味のowfulとたまたま発音が同じであるために、マイナスや滑稽といったイメージをかもしている。

牛などの胃袋の質感をたとえて言えば、シルキーシアサッカー地からモヘアのブランケットまでさまざまだ。

◉粗野にして高貴

生のモツは、肉よりさらに生々しく粗野に見える。人間が調理をするようになる以前、古代人が血だらけの獲物をがつがつと食べていた時代を思い起こさせるのかもしれない。連想されるのは、古代ギリシアの哲学者ディオゲネスと、生肉や這いまわる虫を食べていたとされるディオゲネスの食生活のように、狂乱的、あるいは反抗的なイメージだ。

また、中国料理研究の記述のなかには「モツの問題点」が生き生きと描かれている。イギリスの料理家フューシャ・ダンロップが、自分は魚の目玉の「シルクのような成分」と「やわらかい肉」を堪

能する覚悟があるが、「ゴムのようなガチョウの腸」をいやいやながら噛む父親に思わず同情しているのである。(4)

モツの魅力のひとつは、特別な充実感にもあるだろう。噛みごたえがあり、軟骨質で、とびきり身のしっかりしたモツに比べると、他の部位の肉など味気ないと思えるかもしれない。見た目が気持ち悪いからという理由でモツを避ける人がいる。あるいは、かわいい動物の内臓、しかも私たち自身の体や内臓を連想させるものを食べることに抵抗を感じて尻込みしてしまう人もいる。

四川料理の舌や嘴《くちばし》を使った料理から、リオデジャネイロの路上で売られる砂肝シチュー、さらにはパリの優雅な珍味や、コルカタの黄塵《こうじん》地帯のスパイシーな軟骨など、動物をすみからすみまで食べる傾向は世界各地で見られる。

モツは格式高い高級料理（オートキュイジーヌ）となることもある食べもので、しかも、貧困にあえぐ者の創意工夫を称賛する食べものでもある。フランスでは、モツは今でも「レ・パルティ・ノブレス」（高貴な部位）と呼ばれている。またイタリア人はモツを「ラ・クチーナ・ポーヴェラ」、つまり貧しい人々の料理と見なしている。ダグラス・ヒューストンの詩『モツを食べる人々と *With the Offal Eaters*』に「殺した動物をあまさず役立てるため／週に2度、彼らの妻は臓物をきざむ(5)」とあるように、モツを使った昔からの料理や、さらに工夫をこらした数々の料理が、必要に迫られて誕生したからだ。

モツは世界のほとんどの国で食されている。とくに中東、極東、アフリカにおいては昔からモツ料理が多い。一方、北米やヨーロッパの偉大な料理人たちは、内臓肉の可能性を人々に知ってもらう新たなチャンスにはまだまだ恵まれているようだ。ただし、アメリカ人シェフのクリス・コセンティーノやフランス人シェフのピエール・オルシが主張しているような、モツこそ「本物」の食べものだとする考えが、はたして欧米人にとって幻想――幻想とはまたあいまいで、反論を招きそうな表現ではあるが――の域を超え、現実のものとなる可能性については疑問が残る。

モツこそ本物の食べものだと主張したところで、多くの人の食べものの好みに影響を与えることまではできないだろう。また、モツに対する姿勢は料理人によっても大きな差がある。モツの正体を隠すかのようにクリーミーなソースで飾り立てたり、それ以外の肉と組み合わせたりして、本来の形や食感やにおいを偽装しようとする料理人もいれば、その一方で、ロンドンのスミスフィールド・マーケットの近くでセント・ジョン・レストランを営むファーガス・ヘンダーソンのように、むしろモツをむき出しに、たとえば子豚の脳をそのまま提供する料理人もいる。

物書きで哲学者でもあるロジャー・スクルートンは、食べものには「意味がある。栄養だけでない」と指摘する。モツにはさまざまな形態があり、モツに対する考え方も文化や所得層によって差があるため、モツという食べものの意味もその影響を受ける。モツのレシピや、味、香り、食感、歴史、文化的状況の背景には――少なくとも、豊かな欧米では――果たしてこれは食すべきものなのか、という不安がついてまわっている。

最近までモツを堪能していた文化圏では、富裕層におけるモツの消費がどんどん減っている。反対に欧米では、多くの食通や料理人が、モツへの回帰を勧めている。モツに対する考え方や記憶に残るモツの印象はとても複雑だろう。そもそも、モツそのものもじつに複雑である。モツを食すときに障害となるのは、唇や口、味蕾《みらい》、目による、味、香り、視覚的印象といった身体的感覚と、道徳的価値観や好みとのギャップである。料理ライターのタラ・オースティン・ウィーヴァーはこう葛藤している。

私はモツにふつうの肉よりもずっと脅威を覚える。モツは何かを予感させる。それも、多くの人が敬遠したがる不吉な何かを。ある意味でモツは動物の本質だ――腸も、腎臓も、心臓も。(6)

◉モツと隠喩

臓物に関係した語彙の使われ方や臓物にまつわる隠喩は、とても興味深い。体液論［人間の健康状態は血液、粘液、黄胆汁、黒胆汁の4種類の体液のバランスで決まるとするヒポクラテスの説にもとづき、それらは人間の気質にも影響を与えるとされた］は、私たちが体の器官とその隠れた働きを結びつけて内面を表現する方法に受け継がれている。

たとえば、人は不機嫌（splenetic＝脾臓の）にも、怒りっぽく（choleric＝胆汁質の）も、気難しく（liverish＝肝臓病の）もなれば、鈍重（phlegmatic＝粘液質の）にも、ひどく憂鬱に（melancholic＝黒胆汁質の）もなることがある。私に意気地がない（gutless: gut＝消化官、less＝〜のない）としたらそれは臆病（lily-livered: lily＝ひ弱な、liver＝肝臓）なのかもしれないし、誠心誠意（heartfelt: heart＝心臓、felt＝感じられる）でなければ薄情（heartless）なのかもしれない。人は胸やけ（heartburn: burn＝燃える）に苦しんだり、腎臓の不調（chill on the kidneys: chill＝冷え、kidneys＝腎臓）に悩まされたりする。1870年の『ブルーワー英語故事成語大辞典』は、腎臓の静脈は「ユダヤ人にさえ、愛情の座す場所と考えられていた」とシニカルに伝えている。

私たちとモツとの関係をもとにしていると思われる言葉や言い回しも存在する。そこから、私たちがモツについて考えるようになった経緯をうかがい知ることができる。「こんなことを言えば、何をべらべらたわごと（tripe＝胃袋）を言っているんだ、まったく（bloody: blood＝血）滅茶苦茶な、くだらない（brainless＝脳みそがない）話だと思われるかもしれない」。

古語表現も、現在の心がけに影響を与えている可能性がある。「われわれが同じようなタイプ（kidney＝腎臓）の人間かどうかはともかく、とにかく落ち着いて（keep my head: head＝頭）、自分の鑑識眼（palate＝口蓋）を頼りに、心の奥の声（heart's core: heart＝心臓）に忠実でなければならない」

●モツは敬遠される

このようにモツと私たちとの深いつながりを考えると、自分の体の内側を、子供が学校で使う模型や生物のイラスト図のように臓器と管がきれいに並んだものとイメージしたいと考えたり、自分のことを筋肉と皮膚に覆われた内臓と考えるのだけは避けたいと願ったりするところだが、実際にこの食材を目にすればその思いは打ち砕かれてしまう。私たちは自分の体のなかに何があるのかをほとんど知らないに等しい

演出家で作家でもあるジョナサン・ミラーは、私たちが知っているつもりのことは多くの場合、知識の寄せ集めであると語り、「私たちは、大衆薬品の広告の絵や、学校で習ったうろ覚えの科学、精肉店で売られているモツ、医療にまつわるあらゆる言い伝えから、自分の内臓を頭のなかで再現している」と説明している。(7) その結果として混乱が生じ、モツがときに奇妙な印象を与えてしまう原因の一端になっているのかもしれない。

スコットランドのエディンバラでは、チョコレート職人のネイディア・エリンガムがハギス［ヒツジの胃袋にヒツジの内臓などを詰めてゆでたもの］味のチョコレートを売り出している。このチョコレートの人気の理由は、練り込まれたスパイスが効いているだけでなく、内臓肉とチョコレートを組み合わせるという発想が、支離滅裂でしかも愉快な印象を与えた点にあるだろう（ただし「ハギス味のチョコレート」には実際には内臓肉は入っていない）。『グラスゴー・ヘラルド』紙は、発音が同じ「モツ」の offal と「まずい」の awful をかけた見出しでこう明かしている。「ハギスチョコレートはモツの味はしない（まずくない）Haggis Chocolate Does Not Taste Offal」

モツを食べたこともないのに嫌いだという人がよくいる。たとえば、醱酵させた魚の内臓は、「においも味も猫のオシッコのようだ」という批判を浴びることがある。だが、猫のオシッコの味を知っている人がそんなにたくさんいるのだろうか。魚の内臓などとんでもないという人もいる。そういう不快感を起こさせる原因は、味やにおい以外にあるようだ。

私たち人間は、想定外の感覚になることを不安に感じる傾向にある。セロリのピューレが嫌いだという人はいるが、モツに対する嫌悪感ほどではない。またなんとも奇妙に思えるだろうが、モツ好きの人を軽蔑する人がいたり、自分がモツ好きであることを恥じる人もいたりする。このようにモツはことさら敬遠されがちで、愛好家がときおり弁解じみた言葉を口にすることからもそんな風潮が伝わってくる。

社会人類学者のメアリー・ダグラスは、「味覚は訓練される。味と香りは文化的統制を受けやすい」と論じている。[8] 苦手な食べものに対する人間の反応は複雑で多岐にわたるが、動物性の食べものに対する反応には、植物性の食べものとは違う特別な何かがあるようだ。

◉「うま味」

日本語の「うま味」は、苦味、塩味、酸味、甘味以外の第5の味覚である。これはまた、モツで重要視される複雑なこくのことで、緑茶やトリュフ、トマト、アスパラガス、一部のチーズにも存在する。中国料理では昔からうま味の一種である「味精《ウエイチン》（うま味調味料）」を使ってきたが、これは別名MSG、またはグルタミン酸ナトリウムとして知られている。

うま味は醤油や魚醤に含まれ、日本やベトナム、タイ、極東の大半の国では一般的な味だ。うま味は、私たちが母乳で初めて味わうグルタミン酸を豊富に含み、口のなかに心地よい感覚を生み出し、食べものをいっそうおいしく感じさせてくれる。

モツはこれ以外にも、私たちが他の食べものでなじんでいる性質を持っている。たとえば脳や胸腺を食べれば塩気や脂っぽさや口のなかを覆う濃厚なクリーミーさを感じ、腎臓を食べればその中の血や尿に混じる金属的な味を感じる。こうした味覚の印象は競合するようで、私たちは、調理の際に立つにおいによって牛レバーのかすかなえぐみに気づき、しかもいつの間にかそれに慣れている。というより、その香り立つ魅力に惹きつけられているのかもしれない。近頃は、洋食のおいしさの3要素である糖分、塩分、脂肪が、ほのかなスパイスの風味よりも私たちの食べものの主役となりがちだ。さまざまな味を区別する能力の鈍化は、モツの「うま味」の機微に対してもおよんでいるのかもしれない。

◉内なる自分

モツを嫌う理由は、モツには明確な形がないためだという者もいる（じつは動物の他の肉も、内臓を取り出してしまえばほとんど同じなのだが）。スパム（Spam）は、「予備の動物肉 Spare Parts Animal Meat」の頭文字をとったなどとジョークのネタにされるが、絶対にモツを食べないと公言する多くの人に今もよく食べられている。同じことがソーセージその他の加工肉製品にもいえるかもしれない。

　今も日本中の焼き鳥屋で食べられている独特な風味の鶏肉がある。じつはこれは家禽の尻肉、つまり脂を分泌する尾腺《びせん》を含む肛門の入り口あたりの、肉の盛りあがった部分［ぼんじり］である。もし外国人が焼き鳥店で「これは肛門の肉か」などと尋ねても、店員はおそらくきっぱり否定するだろう。欧米人の嫌うものがわかっているからだ。

　私たちの心を乱す理由は、ひょっとすると、モツと、その内臓部分の本来の機能や、血や尿、糞便との関係にあるのかもしれない。息が切れると、私たちの肺は耳障りな音をたてる。だから料理本の執筆で知られるエリザベス・デイヴィッドが回想した「油で揚げているときにヒツジの肺からヒューッと不気味に空気が抜けていく音」や、胃の弁からゴロゴロと聞こえる音がひどく人間的に思えて、食欲がわかないのかもしれない。[9] 腎臓に対して抵抗があるのは、その主な機能が不純物を濾過して老廃物を膀胱に排出することだからではないだろうか。だが、人間は誰でも、すべての動物と同じように、しゃべって、食べて、キスをして、とても美しいアリアを歌うかもしれないこの口が、順繰りに進んで肛門へとつながっていく一個の生き物なのである。

モツは大部分が動物の体内からとったものである。つまりモツは、私たちが内なる自分と考えるものに似ている。臓物は生命の維持に欠かせない器官であり、考えたり感じたりといった機能とも切っても切り離せない関係にある。だからこそ胃や腸や、性器、顔のパーツを食べることに抵抗を感じる人もいるのだろう。

モツを入念に洗う習慣は、私たちがモツを他の肉よりも汚いと考えていることを暗に示している。たしかに老廃物は取りのぞく必要があるが、こうした作業は儀式のようなものにもなっている。

家政読本を著したビートン夫人は、さまざまなモツ料理の下ごしらえには、湯通ししたモツをさらに水に浸してその水を何度か取り替えることが重要だと強調している。水に浸ける、つまり水にさらすのは、臭みを消して不純物を取りのぞくのが目的だ。湯がくことでモツを白くし、細菌や酵素があれば、それを殺したり中和したりして腐敗を遅らせる。またモツ特有の滋養を得ようと、牛乳に浸されることもある。場合によっては、モツを洗う水に塩が加えられる。日本では、それは、自然の海水に浄化作用があるという言い伝えと結びついている。

アメリカ人とイギリス人は腸に対する健康意識が異常なまでに高い。それが動物のはらわたを食べることに不安を覚える理由なのかもしれない。とはいえ、ジョナサン・ミラーいわく、フランス人は自分たちの肝臓をひどく気にかけているが、それでフォアグラへの食欲が

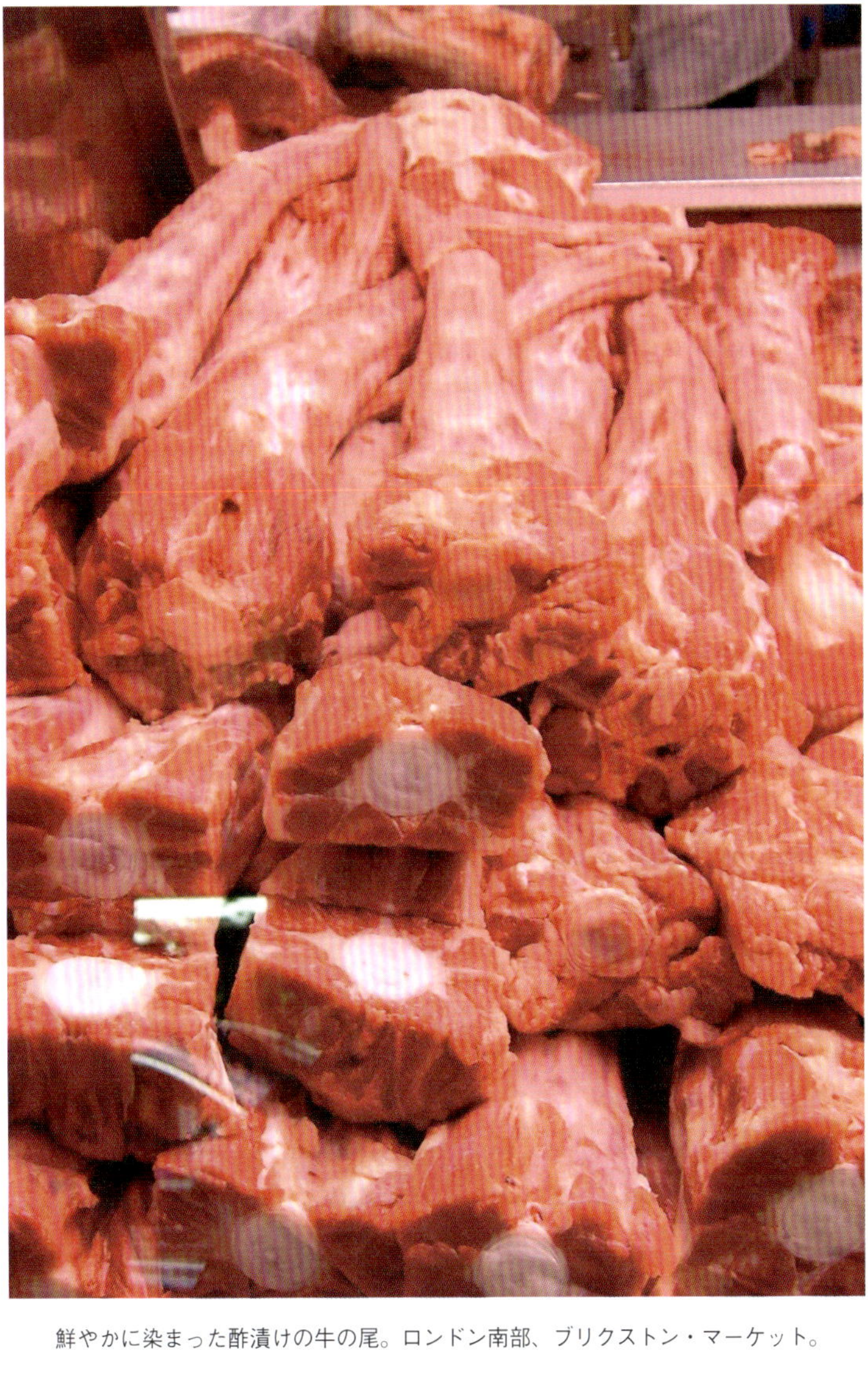

鮮やかに染まった酢漬けの牛の尾。ロンドン南部、ブリクストン・マーケット。

抑えられているという形跡はほとんどない(10)。

19世紀になると生活の場が地方から都会へと徐々に移って以来、多くの欧米人は屠畜の作業を自分たちから遠ざけるようになった。今日、肉といえばきちんと小分けしてパック詰めされているものがほとんどであり、元の姿を思い出させるようなものは目にしない。だがモツの場合、そう簡単にごまかせるとはかぎらない。ヒツジの胃のひだや豚の両耳は、どうしてもかつての機能を連想させてしまう。

料理人や美食家は、おいしくて安いと言ってモツを勧める。そしてその同じ口で、上質部位のカットを最高級の肉だと言い、モツとは格が違うとほのめかす。だがファーガス・ヘンダーソンが油で揚げたヒツジの脳を「サクッとした歯触りの先に濃密な雲があるようだ」と表現すると、カリカリからいきなり繊細で実体のない食感へと移る変化が思い起こされ、飛びきり上質な味覚体験をくすぐられるのだ。

第2章◉伝統食としてのモツ

世界の大半は、モツに抵抗がない。それどころか、さまざまな食文化においてモツは肉料理の中心にある。

中国の昔からの郷土料理では、モツのおかげで、最貧の人々でさえ、食事がただ空腹を満たすだけのものではなく、献立を楽しむものになっている。豚の血のスープやモツのゆで団子「餃子《ジャオズ》」は、1000年以上前に開封《かいほう》［北宋の首都］の夜勤労働者が食べていた。モツがたっぷり入ったゆで団子は、ロシアでもトルコでも昔から食べられている。現在、モツの主要輸出国であるアメリカの最大のマーケットは、豚の足と舌と心臓を輸入する中国だ[1]。

モツは万人の食べものであり、どんなに乏しい食事にも風味と食感を加えてくれる。13世紀後半、マルコ・ポーロはモンゴルの「カラジャン地方［現在の中国・雲南省といわれている］」

で、貧しい人々が屠体からじかに生の肝臓を食べているのに気づいた。彼らは「肝臓を小さく切って、ニンニクとスパイスのソースに入れ、そして食べる」(2)

◉中国のモツ料理

儒教の経書『礼記《らいき》』では、モツがたいへんなごちそう、高齢者に適した食物として挙げられ、食べものの新鮮さと健康との関係が暗に伝えられている。モツは、生とはいわないまでも、新鮮なうちに食べなければならない、だからこそ体によい食べものとして推奨されるのである。

モツは、中国の路上で買える基本的な食べものであると同時に、宮廷料理を思い出させる。圧倒的に使われているのは豚のモツだ。腸と子宮がとくに珍重されるが、鶏やガチョウ、アヒル、牛のモツも好まれている。昔ながらのファストフードであるモツは、マリネにしておくこともでき、あっという間に調理できる。

豚を使った料理には、薄く切った肝臓をタマネギと炒めたり、透明なスープに浮かべたりしたものもある。また、甘くした醤油と混合スパイスの五香粉《ウーシャンフエン》で煮た冷製の豚や、四川味噌の甜麺醤《テンメンジヤン》をつける豚の腸の唐揚げ炸肥腸《ジヤーフエイチヤン》もある。滷味《ルーウエイ》はモツのつまみで、近年はニュー

揚げたり、煮込んだり、バーベキューにした鶏の足は、皮や腱の食感が好まれる多くの文化圏では、たいへんなごちそうだ。

ヨークのレストランでちょっとしたブームになっている。家禽の脚や舌、さらには心臓や肝臓など、あらゆる部位が使われた料理だ。

アヒルの舌はひと皿で数羽分が、たいていはフライにされて出てくる。半分にしたアヒルの頭に舌を添えたごちそうは、600年前の明朝時代にまでさかのぼる珍味だ。鶏の足はつまみとして人気が高い。中国人の一行と上海からテキサスへ船旅をしたあるアメリカ人の英語教師は、なんとかこの食べものに慣れようと努力した。「どの足にも細長い指がついていて、その1本1本の先に小さな楕円形の爪がある。関節は皮に皺が寄って、まるで人間の指みたいだった[3]」

乾燥した豚の鼻や喉軟骨など、乾燥モツがぎっしりと並ぶ中国の露店。

中国国内でもモツ料理は地域によってさまざまで、調理法も入手できる素材も違う。山東省は魚介の臓物や反芻動物の胃袋を使った料理を得意とするが、広東料理はむしろ豚と牛を好み、そして犬とヘビの臓物料理の伝統がある。四川料理は辛く、チリペッパーやカイエンペッパー、四川山椒、ショウガなどのスパイスが効いている。

そんないかにも四川といった、辛くスパイスの効いた豚の腎臓の煮込み「五更《ウーコン》腸旺《サンワン》」には血のかたまりと豆腐が入っており、寒さを防ぐといわれている。血豆腐のひとつ「鴨血《ヤーシュエ》」はアヒルの血で作られ、もち米とともに出される。ゴマ油であえた豚の舌のスライスも、繊細さと力強さが入り混じった伝統的な四川料理であり、米や麵をベースとした食事にスパイスの効いた辛さを、あるいは独特な風味を加えている。

モツは中国で高級食材の役割を果たすこともある。だが、料理研究家のフューシャ・ダンロップが指摘しているように、たとえば「炒鶏雑《チャオジーザー》」は鶏を炒めた料理だが、そこで用いられている部位は、ヨーロッパの料理人ならほとんどが捨ててしまうようなものだ。[4]

◉アジアのモツ料理

モツになじみのない欧米人にとって、東洋で調理されるモツの最も不快なところは、ひと筋縄ではいかない食感かもしれない。

たとえば、魚の頭を賓客にふるまう古来の習慣においては、魚はさばいたばかりで、顎や目の傷みやすい身がやわらかく保たれていなければならない。[5] 魚の頭は、タイでは王族にふさわしい料理と考えられ、カラメルソースとともに供される。[6] 豚の腎臓は栄養価が高いとされ、そのまわりの脂肪「スエット」は健康によく、消化されやすいと考えられている。

中国人の口には、モツのめずらしい食感は堪能すべきものであり、刺激の少ない欧米の食べものとは一線を画している。コリコリとした食感とある程度の噛みごたえはよいとしても、軟骨や、口のなかですべったりベトベトしたりするものを好きになるのは欧米人には難しいかもしれない。

韓国では、スパイスの効いたスープに薄切りにした牛の足が入れられるが、かつてこのスープは在来種の水牛で作られていたとも考えられる。来客には飲みものとともに軽食を振る舞うのが習慣であり、伝統的に、鶏の足、豚の皮、耳、腎臓などのモツを、たいていは短い木串に刺して出す。味よりも食感が重視されることも多い(7)。人気の料理のひとつに、豚の腸にスパイスの効いた麺を詰めたものがある。この料理では、口に入れたとき不意にほどける食感を楽しめるように、麺はふんわりと詰める。

タイ北東部とラオスの生肉、または生に近いひき肉を使ったルー（ラープまたはラーブ）と呼ばれる料理は、仕上げに動物（たいていは鹿）の内臓と酵素たっぷりの胃の内容物を使う。初めて食べる者がびっくりすることもある。

「すごくおいしいけど、苦いな」と、ラープは苦いほどよいとも知らずに若者が言った。

「そりゃ苦いさ。うまいじゃないか。わざわざディーを入れてもらったんだ」ディーは、肝臓のとなりの小さな嚢《のう》から出る緑色の液体である(8)。

生の牛ミンチを血と胆汁とスパイスで和えたラープ・ルー。チェンマイの市場の露店。

ハノイの露店市に立つフォースープの屋台。スープは牛骨と牛の尾、ときには鶏で出汁をとり、胃袋などの肉の薄切りをのせて、味付けには焦がしたショウガやカルダモン、シナモン、八角、ライム、チリ、魚醤など、さまざまなスパイスやハーブが使われる。

スープは、シンガポールの屋台で昔から売られている豚の内臓スープのように、少ないモツをやりくりして、でんぷんベースの食事に風味を添える手段にもなる。かつてフランスの植民地であったベトナムにはバゲットのサンドイッチ、バインミー［「バインミー」はパンの意味］がある。これはレバーなどのパテを塗ったバゲットにハーブと酢漬けの野菜（ニンジンとダイコン）、グリルした肉をはさみ、ときにはショウガや八角の風味を効かせたものだ。豚のモツの粥、チャオ・ロンや揚げた豚の腸は屋台で人気の食べものである。

ディヌグアンという血のシチュー（その濃く黒ずんだ色から「チョコレートミート」とも呼ばれる）は、豚の腸や耳が入れられた、辛くてスパイシーなフィリピンの代表的な料理だ。インドネシアのサンバル・ゴレン・アティは、ガランガル、ライムリーフ、レモングラス、タマリンド、海老ペーストを効かせてブラウンシュガーで調理したとても辛い鶏レバーの料理で、ルンダンは牛レバーなどをココナッツミルクで煮て水気を飛ばした料理である。

インドとパキスタンでは、宗教上、肉食を制限されていない人々はすべての部位を活用する傾向にある。カタカトは、通常はヤギか鶏の、さまざまなモツにたっぷりのスパイスを効かせた料理で、インド南部でもラクティという似たような煮込みに豚を使う。ネパールの鶏の砂肝は貴重な珍味である。

日本では、ほんのり紅色のえらの付いた鮭の頭が、ショウガと昆布で味付けをするスープに使われる。頬は肉厚で味がしっかりしているため、とくに珍重されている。

◉日本のモツ料理

海との関係が深く、海産物を食べて暮らしてきた歴史をもつ日本人は、健康によいとして、とりわけ魚介の臓物を好む。珍味といわれる食べものに、あん肝（アンコウの肝臓）、めふん（オスの鮭の腎臓その他の内臓の塩漬け）、塩辛（細かくきざんだ魚介を、内臓を叩いて作る茶色のソースで和えて醗酵させたもの）などがある。

塩辛は人気のつまみだ。こうした珍味を専門に扱うバーでは、イカや牡蠣、エビ、ウニなどの塩辛が、しばしばウイスキーとともに提供されるようである。ナマコのはらわたの塩辛「このわ

東京のレストランの牛モツ料理の看板。冒険を求める外国人のために翻訳付き。

た」はぬるぬるとした食感が珍重され、インドネシアでは「トレパン」、フィリピンでは「バラタン」として知られている。

哺乳類、それもとくに大型動物の臓物は神道では不浄とされていたが、現代の日本では鶏はもちろん牛のモツも食べる。とくに牛の舌はごちそうと考えられている。関西地方ではホルモン焼き（「放るもん＝捨てるもの」が語源であるという説もある）と呼ばれるモツ料理の人気が高く、とてもヘルシーと考えられている。

牛や豚の臓物を使った鍋料理「モツ鍋」は腸が入っていることで知られており、他に喉軟骨、脾臓、産道、舌、子宮、直腸、横隔膜やさまざまな軟骨が入れられることもある。牛海綿状脳症（ＢＳＥ）

が発生して以降、一時的に人気は落ちたものの、現在は回復している。

◉中東のモツ料理

中東では、クスクスにモツを入れることがある。中世アラブの米料理、イブリーング・マジャニは、50本の足と20頭分のヒツジの頭を使ったとてつもないごちそうだ。[9] イランの食べものはヒツジのモツをふんだんに使い、祝祭の席には、肝臓や腎臓、心臓、脳、舌を使ったケバブを出すのが伝統になっている。キャレ・パチェという名で知られる膝関節とヒツジの舌の煮込みは昔ながらの朝食で、豆と平たいパンとともに出される。

魚の目――生、または煮たり揚げたりしたもの――はレバノンと北アフリカの伝統料理で見られる。ヒツジの腸に米を詰めることもある。フードライターのアニッサ・ヘロウは、「朝は生のレバー、昼は詰め物をした胃袋と腸、夜は睾丸」を食べていたレバノンでの幼少期を振り返るが、そんな彼女でさえ、今やゴムのような食感の肺を味わう気はしないと認めている。[10] 彼女が一番いい思い出として憶えているのは、血にまだ温もりの残る肉の新鮮さだという。子ヒツジの脳みそ――新鮮なうちに軽く調理して、折った平パンにはさむ――はファストフードのひとつだが、たとえば胃袋や腸を食べるには、血管やさまざまな管を取りのぞくといった細かな下ごしらえが必要となる。

肉の前世の痕跡をすべて取りのぞくのは難しいかもしれないが、その名残こそが楽しみの一部になることもある。たとえばにおいの強いチーズも、私たちが味わうのはカビそのものではなく、風味豊かな「腐敗の気配」なのである。

◉トルコ～バルカン諸国～ロシアのモツ料理

東西世界にまたがるバルカン諸国には、動物をまるごと消費するという長い伝統がある。オスマン帝国は、胃袋のこってりしたスープ、シュケンベ・チョルバをトルコに広めた。このスープは二日酔いに効くといわれている。トルコにはイシュケンベジという胃袋スープの専門店があり、夜遅くまで営業している。トルコの犠牲祭「クルバンバイラム」の期間中は、「儀式を祝うどこの家庭でも必ず胃袋のスープが作られている」[11]。子ヒツジとヤギのモツをバーベキューにするときには、葉にくるんで燃えさしのなかに放置し、じっくりと調理されることもある。そしてモツの取り合わせを串に刺して小腸をかぶせたり巻いたりし、バーベキューセットであぶる。

ギリシアのシュプリナンテーロは脾臓のソーセージで、ココレツィ(kokoretsi)は臓物(心

ココレツィは、ヒツジの肝臓、心臓、肺、脂肪を合わせて串に刺して腸で巻き、その後スエット（牛やヒツジの腎臓付近の固い脂肪）で包んで、さらに腸で巻いたもの。できあがったソーセージは炭火で焼かれる。

臓、肝臓、肺）を使う。これに似たソーセージがトルコではココレッチ（kokoreç）として知られ、復活祭《イースター》の料理として出されることもある。ピクティは豚の頭のコショウ入りヘッドチーズ［ゼラチンで固めたソーセージのようなもの］であり、子牛の脳みその蒸し煮は水分を保つためにブドウの葉で包む。キプロスのザラティーナヘッドチーズには砕いた豚足が入っていて、シナモンバーク（桂皮）とトウガラシで調理し、豚かヒツジの舌と混ぜて、レモンとビネガーで味付けをする。(12)

ロシアでは、腎臓と舌はガーキン（小さなキュウリ）と煮て、サルタナ（ブドウ）とアーモンドで甘味をつけるのが伝統的だ。プルーンソースを添えた子牛の頭、乳房の炒め物、脳みそのパテは、エレナ・モローコヴィッツの『若い主婦への贈り物 *A Gift to Young Housewives*』（1861年）に登場する。動物の脚やその他の部位を使ったアルメニアのハーシは、かつてはひどく貧しい人々の食べものだったが、今や新興富裕層のあいだで珍味とされている。ハーシはたとえばイェレポウニという脳みそのフリッターなどよりもじつは栄養があるとされている。

◉ヒツジの頭

イスラム教徒にとって神聖なラマダン月の夕食「イフタール」は、本来、家族が集まり、穀物や野菜や果物のほか少量の肉、とりわけモツを加えた質素な食卓を囲む時間だが、最近はこうした夕食も手の込んだものになっている。[13] イードとして知られる断食期間最後の3日間は祝いの時であり、その際の伝統的な料理には、胃袋の煮込みや肝臓のケバブ、さらには肝臓を大網膜で包んでグリルしたボウルファフなどがある。

北アフリカと中東で最も有名なモツといえばアルジェリアのボウズィロウフィ・マズリで、これはキャセロール［ふた付きの厚手の鍋］で料理されるヒツジの頭だ。作家でレストランのオーナーでもあるアルト・デル・ハロウチュニアンは、その昔、焼いたヒツジの頭を売り歩く行商人のしみじみとした売り声の魅力について述べている。[14] 行商人が調理ずみのモツを売る光景はもはや見られないが、今もさまざまな場所であらゆる部位を手に入れることができる。

子牛や子ヒツジの脳みそは昔から好んで食べられてきたため、「ヒツジの脳みそばかり食べていると気弱（sheepish: sheep = ヒツジ）になる」ということわざがあるほどだ。ヒツジの頭のスープは中東およびアジア、地中海沿岸地域で人気が高い。イスラム教伝来以前の古

今もモツが親しまれているイランの専門肉屋。ヒツジの舌と膝関節を煮込んだキャレパチェと、添えて出される豆と平パンが伝統的な朝食。

代ベルベル人の伝統では、ハリラスープに肝臓と砂肝を入れていた。

◉ラテンアメリカのモツ料理

メキシコのエンチラーダトルティージャには、あらゆる種類のモツを詰め込むことができる。アントヒートス（欲しいものの意味）は人気のストリートフードで、形はさまざま。たとえばゴルディータ（太っちょ）はトウモロコシ粉の生地でスパイスの効いたレバーなどの具を包んで揚げたもの、ワラッチェは生地に舌などの具をのせて焼いたものだ。[15] 中南米諸国で思い浮かぶのはチンチュリン（牛の小腸）とチタリングス（豚の腸の煮込み）、トゥリパゴルダ（直腸）、胸腺、舌のマリネ、脳みそを詰めたラヴィオリだ。

ブラジルにはモツのローストや豚の足と尾と耳を煮込んだフェイジョアーダ、鶏の砂肝と胃のシチューがある。アルゼンチンのアサードというグリル方法は、子ヒツジをまるごとたき火の上で大の字に広げるもので、ブラジル、チリ、パラグアイ、およびウルグアイもこれを採り入れている。アサードでは、まずはアチュラス（モツ）が、まだやわらかいうちに配られる。

中南米とカリブのモンドンゴは、骨髄と足のゼラチン質をいっしょにして胃袋と煮込んだ栄養たっぷりのスープ。これは、ドミニカ共和国とプエルトリコの黒人奴隷から生まれた料理である。ベネズエラではこれにタマリンドとカサバ（メロン）を入れるが、この料理は食べごたえがありすぎるため、1日分のエネルギーを補給するために朝早く食べるか、夜遅くダンスの前に食べるかのどちらかだといわれている。こうした文化圏ではモツの人気が衰えたことはなく、どれだけ慎ましい形をとっていようと、その稀少性と風味が高く評価されている。

『ラテンアメリカの台所 *The Latin American Kitchen*』でエリザベス・ルアードが書いているように、「豚の臓物は、奴隷の主人が食べるべきものではないとされていた」ため、奴隷によってブラジルのフェイジョアーダや、カリブの、もともとはモツが中心だったぴりりと辛いペッパーポットシチューが生まれた(16)。カリブ海の小さな島国グレナダには胃袋をタマネギやニンニクと煮込んだ伝統料理があり、栄養価が高く子供の成長によい食べものと考えられているが、ベルリンやパリなら食通のための料理になっているだろう。

経済の発展した欧米にも、今もモツが親しまれている地域はあるが、それは流行を追っているからではなく、モツが食文化の欠かせない一部として残りつづけているからだ。内臓肉を敬遠する傾向は、第2次大戦後の配給制度に関連していると指摘する者もいる。

しかしモツに対して心変わりしなかった地域も、豊かな時代のあとに食糧不足の時期を経験していないわけではない。モツへの意識を変えたのは、豊かさより階級意識である。ソースティン・ヴェブレンが1899年の『有閑階級の理論』［高哲男訳。講談社他］で唱えた「顕示的消費」は、地位と、自分を浪費的と見せられる力との関係を論じている。具体的に何を食べ、どう調理するかは、その人物の社会的地位を測る有効な指標なのである。中産階級の台頭とともに、何を食べるかが、自分が属する階級と下の階級とを隔てる手段になった。モツは安価であり、動物のあらゆる部位を利用することから、下層階級の暮らしと結びつけられやすい。

第3章◉欧米のモツ料理

◉ふたつの文化圏

モツが極端な反応を引き起こすこともある。最近では、欧米諸国の大半で、モツを好きか嫌いかがはっきり分かれる傾向にある。ヴィクトリア女王は毎日欠かさずローストした骨髄をスプーンで食べていたという。モツのことを口にしただけで満足感を覚えたり、わくわくしたり、おまけに官能的な気分になる人もいる。

モツを食べることにためらいのない文化圏と、明らかに気乗りしない文化圏とに世界を二分することは極端すぎるかもしれない。しかし欧米では、豊かな中産階級がしだいに増えてくるとモツを――レバーと、ある程度は腎臓も別として――敬遠する風潮が強まってきたの

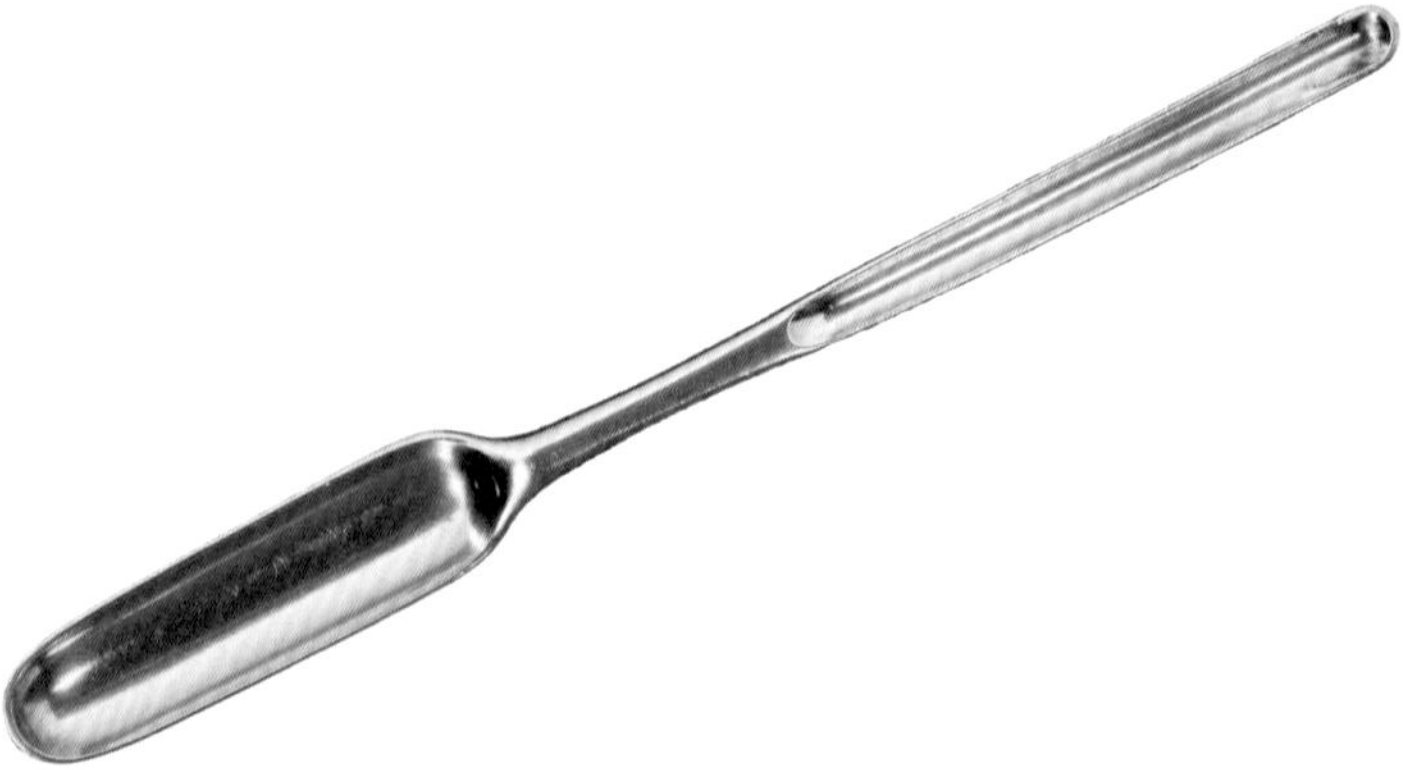

ジョン・ワーグマン。『骨髄スプーン』。1748～49年、シルバー。この両頭タイプのスプーンなら、大きな骨からも小さな骨からも、おいしい脂肪をかき出すことができる。

は事実である。何を食べるかが階級区別の重要な指標になったことから、彼らは下層階級とは違う食べものを食べたいと考えるようになったのである。食べものは、一方ではしっかりと腹にたまる伝統的なものでありつづけ、もう一方では洗練された人々が食べる洗練された料理へと二極化するようになった。

歴史的に見れば、モツは、アメリカとヨーロッパの料理にごく自然に使われてきた。豚などの腸で作ったドイツ生まれの料理、チタリングス。陶製の瓶に入れた肉のペースト。レースのような膜で内臓を覆うブローンやファゴットの大網膜包み。これらは最も基本的なアメリカ料理のいくつかだが、その根底には長らくモツを食べてきたというヨーロッパの伝統がある。

現在も、カナダ全土やアメリカ（とくに南部）には、モツをよく食べる地域がある。アメリカやオーストラリア、ニュージーランド、およびヨーロッパ先進国各地では、少数の人々がモツの料理法を守りつづけてきた歴史があり、その料理法は新たな移民の波が訪れるたびに豊かになっていったからである。

◉アメリカのモツ料理

今やアメリカは、モツを食べることについてはおそらく世界一冷めている国だが、昔からそうだったわけではない。初期の入植者たち——ドイツ人、オランダ人、ユグノー教徒、スコットランド人、ウェールズ人、アイルランド人、ユダヤ人、スウェーデン人、アフリカ人、イギリス人——は、それぞれにまったく異なる料理の知識をアメリカに持ち込んだ。

多くの場合、状況は厳しく、冷蔵法もまだなかったために、食材を無駄にすることは許されなかった。入植者たちは新たな土地への長くつらい道のりを食料をたずさえて旅しなければならなかったが、ビーバーの尾や七面鳥、熊、そしてとくにバッファローなど、動物の臓物は旅の途中でも手に入れることができた。最低限の食糧にいろどりを添える手段として、臓物を塩漬けや酢漬け、燻製にすることができたのである。当時は、ブラック・プディングやスエット・プディングを、腸や大網膜でくるんだかもしれない。

ドイツとオランダからの入植者はとりわけ豚が好きで、胃や、さらには豚足のような塩漬けやマリネにされる部位、スクラップル（つなぎにコーンミールを使ったくず肉のかたまり）を食す文化をアメリカに持ち込んだ(1)。

アメリカの先住民族は入植者とモツを交換したが、なかでもバッファローの舌は交換価値が高かった。舌は塩漬けにすることもでき、この珍味のためだけに何千、何万ものバッファローが殺された。「とっておきの部位だけがもっていかれた。そのなかには舌とこぶ肉とフリース［背骨と肋骨のあいだの脂肪層］はもちろん、骨髄、そしてたいてい胆嚢《たんのう》と肝臓もあった」。ハイラム・マーティン・チッテンデンは『アメリカ極西部の毛皮交易 *The American Fur Trade of the Far West*』のなかでそう説明している(2)。

疲れ切ったハンターたちは、キャンプにもどって火をおこすのが空腹で待ち切れず、一番やわらかい部分を生で食べることもあった。また腸を好んで食べる者たちは——ふつうは軽く煮るのだが——長いままほとんど噛み切らずに飲み込むこともあった(3)。アメリカ先住民族の食べものをまねたペミカン——干し肉やベリー類、ドライフルーツ、骨髄で作る小さなケーキ状のもの——は非常食とされ、毛皮交易者や、のちの北極や南極の探検者たちがこの食べものを利用している。

この半世紀、モツは引きつづき郷土食としても食べられつづけ、そこに地域色を見ることもできる――オハイオ川渓谷の脳みそフライのサンドイッチ、イディッシュ［中欧・東欧系ユダヤ人］のルンゲン［肺］の煮込みやグリベネス（鶏皮の油かす）や鶏レバー、アーミッシュ［ペンシルヴェニア州を中心に居住し、移民当時の生活様式を維持するキリスト教系の宗教集団］のスクラップル［あまり肉のパテ］、そして南部と中西部で代表的な砂肝や豚の胃の料理……。

ピットと呼ばれる野外用のグリルで肉を焼くバーベキューは、南部諸州で祝いごとをするときの人気の料理法だった。奴隷たちは内臓肉のくずをもらい、主人たちよりも粗末な食事をそれで補うこともあった。豚や子牛などの小腸で作るチタリングスは、アフリカ系アメリカ人の文化的アイデンティティと密接に結びつき、生き延びることと誇りを失わないことのシンボルになった。だがそんなチタリングスも、今では単なるメニューのひとつであり、根強い支持はあるものの、たいていは物めずらしさから食べられるだけになっている。

睾丸を食べるのも同じことだ。アメリカ各地で開かれる「睾丸祭り」は１９８０年代に始まった[4]。イリノイ州バイロンのイベントのように、七面鳥の睾丸だけの祭りもあれば、他の種類に特化した祭りもある。カリフォルニア州オークデイルの睾丸祭りは、牛の睾丸で行なわれる。生のまま出されることもあるが、煮たり、炒めたり、パン粉をまぶして揚げたりする場合のほうが多い。

レバー（肝臓）の消費を後押しするために設立された団体もある。こうした団体は、〈レジー

レオネット・カピエッロによるフォアグラの広告。1928年頃。冠をつけた金色のガチョウが華やかな赤をバックに、パテの缶詰を笑顔で見下ろしている。

ナ・レバー・ラヴァーズ・クラブ〉でレバー・ムースのブラックベリー・ピューレ添えなどといったよりめずらしい料理を味わうだけでなく、レバーとタマネギなどの伝統的な料理も楽しんでいる。

レバー好きの多くは地方出身の高齢者あるいはレバーの調理法――牛乳に浸し、小麦粉をまぶして素早く加熱する――を知っている母親たちである。2010年、アメリカは食用のレバーを10万8771トン生産しているが、89パーセントは海外に輸出し、そのほとんどをエジプトに出荷して

いる。(5)

クレオールスタイル［アメリカの食材にスペイン風の味付けやフランス風の複雑なソースを用いた料理スタイル］は伝統的なヨーロッパ料理にヒントを得たもの、対するケイジャンスタイル［タバスコやチリといった辛いスパイスを多用する料理。食材の中心は米や豆類、オクラ、タマネギ、トマトなど］はより素朴な料理に由来したものだが、どちらも新大陸が与えてくれる豊富な食材に適応し、モツをバーベキューやグリルやスモークにしたり、オックステール・スープなどの料理にスパイスや甘味のあるトマトベースを加えてアレンジしたりした。

ところが、19世紀後半にアメリカで家畜の飼養頭数が過剰になると、上質カット肉は価格が下がり、だれにでも手が届くようになった。ジャック・ユバルディの『肉の知識 *Meat Book*』（1991年）には、アメリカが「内臓や風変わりなものを捨ててしまえる筋肉食の国」になった経緯について書かれている。内臓肉は、厳しい時代を強く連想させるものとして、脇に追いやられてしまったのかもしれない。

◉オーストラリアのモツ料理

オーストラリアの先住民は、有袋類やエミューの腸内の必須脂肪や、ポッサムの高飽和脂肪を求めてモツを探し、生で食べていたという。[6] 緑豊かな沿岸部では、大型の海生哺乳類であるジュゴンもまた人間の脂肪源だった。[7] 今日のオーストラリアは巨大食肉産業の副産物として大量のモツを生産しているが、その大半は――血管と、豚などの鼻、舌根、腱を入れることが法律上認められているミートパイに使う分は別として――アジアに輸出されており、牛の横隔膜は日本へ、ヒツジの目玉は中国へ送られている。

しかし1970年代までは、オーストラリアではモツは広く親しまれていた。「ホーグー」、つまりフランス語のオーグー（haut gout 強烈な味）が不名誉に感じられるようになったのはつい最近のことなのだ。オーストラリアにおけるこのモツ離れは、国としてのアイデンティティを主張し、近年のアジア移民の波から距離をおきたいという意思の表れだと説明する者もいる。こうしてモツは社会の隅に押しやられ、部外者が〝エスニック〟レストランでだけ食べるものになる。だがやがて、ヨーロッパやアメリカとよく似た道をたどるうちに、新しく刺激的な料理の可能性として、流行の先端を行く人々にだんだんと受け入れられてきている。

ニュージーランドでは、マオリ族が未開地で摂取するモツは大幅に減ったかもしれないが、

海藻を食べるジュゴンは海牛とも呼ばれ、タンパク質の豊富な脂身がオーストラリアの先住民に珍重されている。インドではジュゴンの脂は媚薬と考えられている。

排泄物のにおいがするからとアンドゥイエットを敬遠する人もいる。一方、粗くきざんだ豚のモツを小腸や大腸に詰めてソーセージにし、加熱するか冷たいままで出されるフランス東・南部生まれのこの料理を珍重する人もいる。

国全体として見れば、オーストラリアより移民が比較的少ないこともあり、モツがヨーロッパさながらに主要食品としての古き良き座を保っている。

◉フランスのモツ料理

欧米では、洗練された高級料理の中心はフランスだと思いがちだ。カール大帝の名で知られるシャルルマーニュ（742～814）の時代から、肉が入手できるところでは串焼きにされることが多かったが、たいていはモツの部分もいっしょに焼かれていた。おそらく貧しい者ほどモツを使い、穀物と野菜のスープに風味を添えていたはずだ。16世紀のパリでもこうした貧困層の食べものは路上で売られ、その露天商、すなわち「修復する者 restaurer（レストレ）」が自分たちの最初のスープの店にこの名前「レストラン」をつけたのだった。

豚のモツのソーセージ「アンドゥイユ」と、それよりも小さな「アンドゥイエット」は、粗くきざんだ胃袋と豚の部分肉と腸で作られるもので、文豪のアレクサンドル・デュマも1873年の料理事典でこのソーセージについて記述している。1852年にニューヨークで出版された『婦人のための新しい料理読本 *The Ladies' New Book of Cookery*』は、フランス料理の偉大さと、動物を残らず使いこなす能力を評価している。

フランス人が無駄なく料理する術に秀でていることは広く認められている。それぞれの料理に適した風味を学ぶことで、彼らはあらゆるくず肉を見事に調える。(8)

モツはフランスの日常的な肉料理には欠かせないものだ。

ポトフにはどんな部位を入れてもかまわないとされている。鶏肉の赤ワイン煮、コック・オ・ヴァンは鶏の血でとろみをつける（これを最初に食べたのはユリウス・カエサルだともいわれている）。アリコは家禽の小片、臓物、頭、足、手羽先を使ったラングドック地方の料理で、ガチョウの脂で炒めてから、ありあわせの野菜と煮込む。ブッフ・ア・ラ・モードは、牛肉に豚の背脂をはさみ込み、子牛の足のゼラチン質でとろみをつけた煮汁で煮込む15世紀の料理。そしてさまざまに料理される子牛のレバー。おそらくジュニパーベリー［セイヨウネズの実。香り付けに使う］も入れたワインで煮込み、トーストにのせて出すヒツジの腎臓。白ヴィネグレットソース［フランス料理の基本的なサラダドレッシング］をかけた子牛の頭。白ワインで煮た子牛の足のア・ラ・メナジェール（やりくり上手の主婦風）。脳みそのブールヌワール［バターを焦がして酢などを加えたソース］がけ。子牛の胸腺「リー・ド・ヴォー」と子ヒツジの胸腺「リー・ダニョー」。バター、マッシュルーム、マスタードで煮込んだ牛の舌などの他、胃袋やモツのスープ種から、ガチョウのフォアグラを前面に押し出したあらゆるフランスのパテまで、フランスのモツ料理はじつに多い。ニースとマルセイユの「ピエ・エ・パケ」は、ヒツジの足を塩漬け豚肉の胃袋詰めといっしょにワインとトマトソースでじっくり煮込んだ料理だ（最近は足を入れないこともあるそうだ）。

フランスの料理は伝統料理を活かしたものが多いが、貴族的で、贅沢かつ技術的専門知識を詰め込んだという雰囲気が漂っている。14世紀にフランス王のシェフを務めたタイユヴァン（1310〜1395）は、自ら著した中世の宮廷料理本『ル・ヴィアンディエ *Le Viandier*』のレシピのなかでモツをたっぷりと活用している。『アピキウス』や古代ローマ時代の伝統的な食べものに立ちもどり、その料理が体によいものかどうかに関心を寄せて

子牛や雄牛の足とスエットを合わせたノルマンディー地方の胃袋の煮込み。ラ・トリッペリ・ド・オール（金の胃袋屋）協会が毎年、トリップ・ア・ラ・モード・ド・カンの最高の作り手を見つけるためにコンテストを開催している。

いる。19世紀以降のフランス料理は、モツを正体がわからないように変身させる傾向が強くなっている。

19世紀初頭の偉大なシェフ、アントナン・カレーム――外交官で美食家のタレーラン、ルイ18世、ナポレオン、アレクサンドル1世、イギリスの摂政皇太子、銀行家のジャコブ・マイエール・ド・ロチルドに仕えた――は、料理に壮麗さをもたらした。もともとフランスではすべての料理を一度に給仕していたが、一品ずつ出す（ロシア風給仕法）ようになったのはカレームの尽力だったという説もある。その結果、モツ部分をそのまま味わうこともできた。カレームは、ルネサンス風に単なる付け合わせとして内臓や鶏のトサカなどの部位を使うことには反対だったが、伝統ソースの開発を任され、そのソースにはしばしばモツを使った。

フランス人シェフのオーギュスト・エスコフィエ（1846〜1935）は、基本的な素材の風味を消してしまうソースをよしとしなかった。エスコフィエの舌平目のノルマンディ風「ソル・ア・ラ・ノルマンドゥ」は、魚とトリュフとハーブの組み合わせが絶妙に計算された料理だ。「そしてベールのようなソースには……ベースに子牛の腎臓と塩漬けの豚肉が使われているに違いない[9]」

アレクサンドル・デュマは『デュマの大料理事典』［辻静雄・林田遼右・坂東三郎編訳。岩波書店］のなかに、シャルル7世がイギリスとの戦いのあと、パン粉をまぶしたやわらかいゼラチン質の肉、豚足を大いに楽しんだという逸話を盛り込んでいる。これを用意したのがサント＝ムヌーの町に暮らす女性だったため、この料理はサント＝ムヌー風、すなわち「ア・ラ・サント・ムヌー」という。

他に、七面鳥の臓物とカブを使ったレシピも伝統的なモツ料理のようだが、調理法や体裁から見るかぎり農民の食べものとはかけ離れている。20世紀後半以降、モツがときに高カロリー高コレステロールであるため、フランスでは摂取量が減る傾向にある。

各地方のフランス料理は、そこで手に入る食材と土地の文化に根差して受け継がれてきた。たとえば、ドイツと国境を接して激しく争ってきた地方では、ブラッド・プディング・スープなどの満足感のあるドイツ料理が好まれる。アルザス＝ロレーヌ地方は生産性の高い農地だが、それほど肥沃でない土地から入植したドイツ人らが倹約の精神を持ち込み、この土地の食文化に影響を与えつづけてきたことで、モツが積極的に活用されるようになった[10]。

フランスでは数年前、11月が正式に「モツの月」と全国的に定められた。1970年代以降、「真正アンドゥイエット愛好家協会」というアンドゥイエット・ソーセージ好きのための団体も存在している。とはいえ、こうした動きはしだいに少なくなってきている。あるいは、外国人観光客が想像するフランス料理の条件を満たしているおかげでどうにか持ちこたえているのかもしれない。

牛レバーのミンチとパン粉とタマネギ、ニンニクで作ったレバー団子入りスープは、体が温まり元気の出るオーストリアの食べもの。

◉オーストリアとドイツのモツ料理

オーストリアとドイツでは、臓物で出汁《だし》を取った肉入りのスープ、レバーの肉団子、味付けしたモツのミンチのラヴィオリ詰めやパンケーキ包みが伝統的に食べられ、チロル州にはもっとシンプルな、タマネギとハーブを添えた子牛のレバーのスライスや、つぶしたアンチョビとレモンで和えた子牛の舌、ラードで調理した腎臓のソテーなどがある。南バイエルンの伝統料理としては、肺の煮込みが挙げられる。レバーの肉団子は中央ヨーロッパ全土で人気が高く、とくに有名なのはリーバークネーデルだ(11)。

クローンフライシュキュッヒェは牛モツたっぷりのスープ、つまり子牛のレバーと舌、胸腺、心臓の煮込みのことで、乳房を使った伝統料理も数多くある。グラーシュ［ハンガリー風シチュー］の一種で鹿の心臓を使ったものはヒルシュグラーシュとして知られ、また、マークレースヒェンは牛の骨髄で作った肉団子で、これは一部の地域では伝統的にホッホツァイトズッペ、すなわち結婚式のスープに入れられる。ブラッド・ソーセージのブルートヴルストは今でも広く——といっても主に年配の世代に——食され、ポーランドのカシャンカソーセージ、ベルギーとフランスのブーダン、イギリスのブラック・プディングに相当する。

◉ユダヤ人のモツ料理

ユダヤ人の政治的な歴史は、ロシア、北アフリカ、ポーランド、スペイン、ルーマニア、オーストリア、中東、ドイツなど、さまざまな好みが入り混じった食文化へとつながっている。セファルディ（スペイン・ポルトガル・北アフリカ）系ユダヤ人の伝統的なモツ料理は、スパイスを効かせた、軽く火を通しただけのものが多く、とくに脳が好まれる。

一方、アシュケナージ（ドイツ・ポーランド・ロシア）系ユダヤ人の料理は、じっくりと調理され、味付けももっとシンプルだ。モツはあらゆる部位を使うが、とりわけ肝臓と胸腺と舌が多い。(12) セファルディ系ユダヤ人は長年にわたってアシュケナージビーフとして知られるヒツジとそのモツを食べてきた。うすいスープ種のこくを出すためにモツをヒツジの胃袋に詰め、糸でしばって入れるもので、主に経済的な困窮ゆえに考え出された素朴な食べものである。生活が苦しいときには同じモツが何度も使われたのかもしれない。

ローマ人がユダヤ料理に与えた影響は、乳房が好んで使われることに見てとれる。乳房は、今では主に農民の料理に見られるが、20世紀初頭までは非常に珍重され、あぶったり煮込んだりして特別な日に出されていた。[13]脾臓――ドイツではミルツヴルストという脾臓ソーセージにされる――と肺は、ユダヤ料理の重要な要素だ。たとえばウィーンのカルプスボイシェルには子牛の肺が使われている。ニシンの精子が詰まった細長く青白い臓器、つまり白子または精巣の酢漬けは珍味のひとつである。

食べものを規定する戒律に従い、ユダヤ料理は家禽の臓物が中心で、きざんだ鶏のレバーはしばしば祝いの席の前菜「ファーシュペイズ」にされる。1562年、ドイツの詩人ハンス・ヴィルヘルム・キルコフは、ガチョウを育てるユダヤ人の手腕とそのレバー好きについてコメントしている。[14]1910~20年代にかけて『ユリシーズ』(1922年)を書いたジェイムズ・ジョイスは、主人公であるユダヤ人に「モツが好き」という特徴を与えた。

レオポルド・ブルーム氏は獣や鳥の内臓をうまそうに食べた。鶏の臓物の濃厚なスープ、木の実の香る砂肝、詰め物をしてローストした心臓、パン皮の粉をまぶして炒めた肝臓のスライス、炒めたタラコは彼の好物だ。とりわけお気に入りはヒツジの腎臓のグリルで、ほのかな尿のにおいが彼の味覚を見事に刺激した。

近年、豊かなユダヤ人社会（とくにアメリカ）では確実にモツの需要が減ってきているが、イスラエルでは、きざんだ鶏の砂肝やその他の臓物で作る「ミオラヴ・イェルシャルミ（エルサレムのミックスグリル）」などの現代料理でモツ料理の伝統を守っている。

◉イギリスのモツ料理

ノルマン人はイギリスの食事を大いに洗練させ、800年前にローマ人が去って以来の水準に引き上げた(15)。典型的な王室のコース料理は、銃眼付きの胸壁と天守のある城などを模した、凝った形の豚か子牛のブローン（ヘッドチーズ）のマスタード添えで始まり、多くの場合焼きフルーツが添えられる（イタリア、ピエモンテ地方の郷土料理「イル・グラン・ボッリート・ミスト」を思わせる）。

ジョン王の時代［在位1199～1216］、鶏料理は、レバーでとろみをつけた黒いソースに、手に入るようになったばかりのスパイスを加えて作られていたかもしれない。

1951年に出版された『よき主婦の戸棚 *The Good Housewives' Closet*』には、鶏の内臓でとった出汁とレバーで作る味付けひき肉が載っている。ヘンリー5世［在位1413～22］の宮廷料理には、辛口の料理にも甘口の料理にも骨髄が使われた。そのレシピのひとつは、牛の骨髄を詰めたステーキをパンケーキのようにまるめ、ハチミツで甘味を付けたものだった。

中世では、鹿のモツは一部の貴族から価値がないと見られるようになっていたため、狩りが終わると内臓は使用人に与えられた。そうした部位は「アンブルズ」と呼ばれ、そこから「シカの臓物で作ったパイ（ハンブルパイ）を食べる」という表現が「謙虚にふるまう、またはふるまわざるをえないこと、詫びを入れること」の意味になった。モツを食べることが恥とされたのである――もちろん、貧しい人々はモツを食べることをやめなかった。

主に19世紀前半にジャーナリストとして活躍したイギリスのウィリアム・コベットは、田園地方の旅で上質の牛肉について語るなかで、流行りの温泉町チェルトナムのポン引きやペテン師を激しく非難している（1826年）。「あの手の輩《やから》はモツだけを食べていればいい。犬猫と同じ食べ物で十分だ！[16]」。最下層の人間は、そこにふさわしいモツを食べていろ、というわけである。

コベットはまた、アイルランドのマリナバットにいる3000頭分の豚肉を、その豚を

『イノシシの解体』。ルートヴィヒスブルク磁器像。1765年頃。ブラッド・プディングを作るため、小さな部位を入れる器と血を集めて横のかまどに注ぐ水差しを持っている女性（右）。

育てた農場労働者たちにはいっさい残さず、自分たちだけで独り占めしてしまった地主たちにも怒りをあらわにした。「その豚を飼育して太らせた圧倒的大部分の者たちは、肉の一片、いや、臓物でさえ味わったことがないではないか[17]」

詳細な日記で知られるイギリスの官僚サミュエル・ピープス［1633〜1703］は、持病の痛風発作を引き起こすにもかかわらず、どんな肉にもまして胃袋とハスレット、つまり豚の臓物を好んだ。フランスの作家で医師のラブレー（1494頃〜1553）は、胃袋を避けるべきものとして扱いながらも、自身の小説のなかでその胃袋にひそかな力を与えている。作中の巨人ガルガメルは、消化の悪い「ゴーデビリオズ（雄牛の胃袋）」をたらふく食べたことをきっかけに、息子のガルガンチュアを出産するのである（最近でも、前述した著名なイギリス人シェフのファーガス・ヘンダーソンは「胃袋は人々の不安をかき立てる」と発言している[18]）。

大のモツ好きのピープスは、1662年10月24日の日記に、食事に大好物が出てきたことをこう記している。

帰宅後、妻とともに何よりのごちそうである胃袋料理を食べる。私の指示したとおり、胃袋が隠れるくらいのマスタードがかかっている。クルー卿のところで見たのと同じだ。

非常においしい食事であった。

はからずもここで、中産階級の文筆家であるピープスが、貴族的な食卓を目指していることがわかる。彼の食欲は社会的野心を物語るものだった。

19世紀後半、ビートン夫人は自らの本のなかで数々のモツ料理を取りあげ、それぞれの部位をどう選ぶべきか説明をつけながら、たとえば子牛の胸腺は、縮んで固くなる前のもの以外は選ばないようにと注意している。ときに婉曲な表現が使われ、たとえばファゴット「豚レバー入り肉団子」なら、「ガチョウ」あるいは「食欲をそそるアヒル」などとさまざまな呼び方で表現されている。夫人は、「肺を食べることは可能ですが、たいていはペットの餌用にします」と書き、「胃袋と牛の足はもう時代遅れ」とコメントしている。そして「豚足は珍味です。けれど今これを食べるのは品がないと思われるでしょう。直接手で持っていただくしかありませんから」と書いている(19)。

何をもってごちそうとするかは、階級を分けるきわめて重要な要素になった。中産階級のピープス自身はボリュームのあるモツ料理をたらふく食べて貴族を気取ったかもしれないが、中産階級入りを志す者はおそらく、労働者階級とも、そしてしばしば自分より上の階級とも違うものを食べなくてはと感じたに違いない。そうした階級的価値観は現在でも生き残って

豚の耳とポークチョップパイ。豚の耳は肉と皮と軟骨がやわらかく、味がよくなるまで最低でも1時間は煮込まなければならない。

おり、何を食べているかという細かなところでこそ社会的地位が牙をむくのである。

今やイギリス人の関心は、地元産よりもアイルランドやスコットランド、ウェールズのモツに向いているようだ。イギリス人本人は、フランス人やイタリア人のほうがモツに目がないと言うかもしれない。だが、フランス人シェフたちは昔から、イギリス人は——料理はできないのに——しょっちゅう胃袋とタマネギの煮込みをかきまぜている、と言う。いわく、スコットランドではスポーラン［スコットランドの伝統衣装でつけるポシェットのようなもの］に入れたハギス、ウェールズでは筋の多いファゴット、もっと南ではまるまるとして脂ののった尻肉にブラック・プディング炒めを添えたものやらステーキ・アンド・キドニー・プディングやらをかきまぜているのだ……。

しかし、エスコフィエが第1次大戦中にロンドンのカールトン・ホテルで働いていた頃、メニューは優雅にフランス語で書かれていたものの、彼がフランスで働いていた頃のレシピとは違い、材料のモツについてはほとんど触れられていなかった。食料が乏しかったこの時代、食糧配給切符のいらない数少ない肉のひとつだったモツは、隠し味として使われていたのだろう。

現代イギリス人の食に対する姿勢の基礎ができたのは、第2次世界大戦後のことだ。この時期のモツは配給の制約を受けなかったので、ビタミンやタンパク質の貴重な供給源であっ

ステーキ・アンド・キドニープディング。イギリスのこの伝統料理は、牛肉とヒツジあるいは豚の腎臓を使い、スエットペストリーで包んで数時間蒸して作る。料理を取り分ける直前にてっぺんに小さな穴を開け、さらにグレービーソースをかけるレシピもある。

た。当時のフードライターは、こうした当たり前に手に入る部位を魅力的に見せるためにフランス語を使っていた。内臓部位は、「オー・グラタン」に焼き「モルネイ」（ソース）をかけることで受け入れやすいものになったのである。[20]

◉イタリアのモツ料理

今日モツは、富裕層のあいだでも、日常的な食事の一部として食されているのだろうか。イギリス南部で最も高級といえるスーパーマーケットであり、食通たちの総本山、今どきのモツ好きに出会えそうな「ウェイトローズ」のブログで、オンラインアンケートに回答した客のほとんどが、一番嫌いな食べものにモツを挙げた。モツを好物だとした客――すべて男性と思われる――も小数ながらいたが、虚勢を張っているような書きぶりだった。このスーパーマーケットは最近、モツがベースの新商品「フォガトゥン・カッツ（忘れられた部位）」を売り出したが、売れ行きはかんばしくない。

モツを食することに関しては、アメリカと同じようにヨーロッパでも南のほうが健闘しているのだろうか。上流気取りの一例として、モツにまつわる興味深い話を紹介しよう。その昔、ヴェネツィア人としてのすぐれた味覚を持っていたマルコ・ポーロは、中国で質素な料理が並ぶことに慣れてはいたものの、さすがに南宋の都、臨安の小作農をこういって侮辱した。「下層の者たちは、どんな種類の肉も、それがどれだけ不浄であろうと、いっさい区別なく食べかねない[21]」。

イタリアとスペインでは、若い世代のモツ人気は低迷しているものの、どちらの国にもモツを食べてきた長い歴史がある。ヴェローナのチェルーティ家のものとされる中世の写本『健康全書 *Tacuinum Sanitatis*』のなかで、屠畜にまつわる彩色画19点のうち8点は、内臓と足と頭を買う場面や、家庭内での調理のようすを示すものだ。１９７０年代まで屠畜場があったローマのテスタッチョ地区は、屠体を４つに分け、最上級の部位は貴族に、２番目に上等な部位は聖職者、３番目は中産階級、４番目は軍人にまわした。そして残ったすべて――「クイント・クアルト（４つに分けた５番目）」がモツだった。

モツは屠体の重さの約４分の１を占めるにもかかわらず、４つのうちの５番目という、厳密には意味をなさない称号を与えられたことから、あやふやな位置づけであったことがうかがえる。テスタッチョ地区は今もコーダ（尾）や、シチューにラグー［具材を細かくきざんで煮込んだもの］、ミルツァ（脾臓）など、「クイント・クアルト」の名物料理を出す老舗レストランがあることで知られている。

胃袋の煮込みは今もイタリアで広く食べられている。パスタソースには、鶏の臓物とペコリーノチーズの天使の髪の毛（極細パスタ）「マッカルーニ・チョチャーリ」のように、臓物のミンチで味に深みを出しており、また、子牛のレバーを使った料理や、鶏レバースライスのフリット・ミストなどのフライ、子牛の足の骨をとってケイパーで風味付けしたネルヴィット、口のなかでとろけるオッソ・ブーコといった料理が数多くある。ゆでた、あるいは炒めた脳みそは、さらにトマトソースで調理したり、レバーや胸腺といっしょに揚げてフリット・ミストにしたりする。

古代ローマの方言で「パイアータ」または「パリアータ」といえば子ヒツジと子牛の小腸のことで、消化されないまま小腸に残っている牧草にちなんでこう呼ばれている。まだ乳離

オッソ・ブーコは牛か子牛の膝関節の肉を使い、骨髄がやわらかくなって肉が骨から離れる寸前までコトコト煮込む。

れしていない子牛は、乳を飲んだ直後に屠畜されるが、それは調理の際、腸内に残る乳が胃膜に含まれるレンネット［凝乳酵素］と作用して一種のソフトチーズになるようにするためであり、このソースはたいていリガトーニというパスタと和《あ》えて出される。

「サン・オブ・ア・ビッチ［くそったれの意］シチュー」は、アメリカ入植者の行路で手に入ったものなら何でも使い、その独特の風味を出すには、やはり小腸が欠かせなかった。スパゲッティ・カルボナーラは伝統的にグアンチャーレ（保存処理した豚の頬肉）で作られていたが、より脂肪の少ない豚ばら肉の塩漬け、パンチェッタがしだいに使われるようになっている。同じように、ヒツジの内臓の半端もので作るコラ

この牛の胃袋の煮込みは、第2胃袋であるハチノスの鋸の歯のような深いぎざぎざに濃厚なトマト酒がよくからむ。

テッロも、本来は肝臓、腎臓、心臓だけでなく、肺やその他も入れるのだが、それらは現在ではあまり使われない。

南イタリアの脾臓サンドイッチ「パーニ・カ・メウザ」は、「ヴァステッダ」としてニューヨークにたどり着いた。牛の胃袋料理「カジョス」は、小皿料理「カジョス・ア・ラ・マドリレーニャ」の人気が高いマドリードで伝統的に食べられ、またスペイン全土で、肝臓、心臓、シェリーを使った腎臓、脳、牛の睾丸（クリアディィリャス）や、舌が代表的な食べものになっている。

ポルトガルはブラック・プディングの変わり種、小麦粉を使ったフリニャートを生み出した。ポルトガルでは昔から、ポルトの住民がリスボンの住民を「レタスを食べる連中（アルファシーニャス）」とけなす。するとリスボンの住民はポルトの人たちを「胃袋を食べる連中（トリペイロス）」と呼んでやり返す。後者の呼び名は、15世紀、船乗りたちが航海を乗り切れるように肉の上質部分をすべてもらい、港の住民には余りもののモツしか残さなかったという時代に生まれたものである。

フランスと同じように、イタリアの地方にも、エミリア＝ロマーニャ州のザンポーネ（大きな足）という、骨を取った豚足に豚の臓物を詰めたソーセージのような独自の郷土料理がある。フィレンツェのモツ料理といえばランプレドットだ。これは牛の4番目の胃袋をタマネギ、セロリ、ニンジン、トマトが入ったスープで煮込んだもので、路上に出ているトリッパイオという屋台では、丸パンにはさんでサルサ・ヴェルデソースをかけてよく売られている。ミラノでは、胃袋は細長く切ってやわらかくなるまでじっくり煮込み、栄養たっぷりのブセッカスープになる。

骨髄が甘いものにもよく使われていた中世のイギリスのように、イタリアでは豚の血が、シナモンと松の実を加えて作るチョコレートデザート「サングイナッチョ」の滋味を豊かにする。

◉北欧のモツ料理

スカンジナビアの国々では、魚のスープやスープ種、内臓たっぷりの魚料理、子牛のテリーヌ、豚と子牛の内臓が見られる。

デンマークはさまざまな部位のモツをピクルスにするが、これは豚や子牛の料理にこくを出したり、豚の頭の料理「スィルテ」に使ったりするためだ。

フィンランドには、クリスマス料理としてキャベツやジャガイモを添えて出されるヒツジの頭料理「スマラホーヴェ」がある。

スウェーデンの伝統的なブッフェスタイルの料理「スモーガスボード」は、ノルウェー、デンマーク、フィンランドでも食べられており、魚の臓物やブラッド・ソーセージ、ブローン、さらにハギスの前身といわれるヒツジや豚の胃袋にモツを詰めた料理などが並ぶ。

◉アイスランドのモツ料理

アイスランドでは、風味付けのスパイスも食品保存に使う塩も手に入りにくいため、スモークしたり、乾燥させたり、ピクルスにしたり、酸酵させる手法が使われてきた。伝統食のなかには、今では古来の冬の祭り「ソーラブロート」の期間中にしか食べられなくなっているものもある。[22]

ヒツジの頭を縦半分にカットして生のまま食べる、またはホエー（乳清）漬けにして食べるスヴィズなど、勇気が必要なものもある。[23]ホエーが地元で作られていた時代には、その味もさまざまだったが、今では大量生産されるので多くの伝統食が同じ味になりがちである。スヴィズを作る際には、ヒツジの頭をゆでる前に脳みそを取りのぞき、毛を焼きとって、肉に独特のスモーキーフレーバーをつける。ヒツジの頭のブローン「スヴィザスルタ」は、目や耳や舌も含めて頭のあらゆる部位を使い、そのきざんだ肉をゆで汁に入れて押し固めて作る。これは、日常的な食品としてアイスランドのスーパーマーケットで今でも売られている。

祭りのごちそうではクジラの脂身が重要な材料だが、ホエー漬けにして出される脂身は独特な食感がある。「片側は……筋っぽくて硬いが、しだいに質感が変わり、裏側はフォークで切れるほどやわらかい」[24]。「ルンダバガル」は子ヒツジの内臓を使ってソーセージを成形し、腸とスエットで包んでホエー漬けにしたうえで、ローストしたり、スモークしたりする。大人のヒツジだけでなく子供のヒツジの睾丸もホエー漬けにされる。

北東部のメルラッカスリェッタでは、酸味の効いたヒツジの足と、その足のブローンが食べられている。「マガトルル」はヒツジの胃を押し固めたもので、スモークし、スライスして

アイスランドのヒツジの頭の料理「スヴィズ」

クジラの脂身はイヌイットの伝統食で、ビタミンDとオメガ3脂肪酸が豊富に含まれている。くず粉のビスケットに似た味で、アイスランドでは乳清（ホエー）漬けにされる。

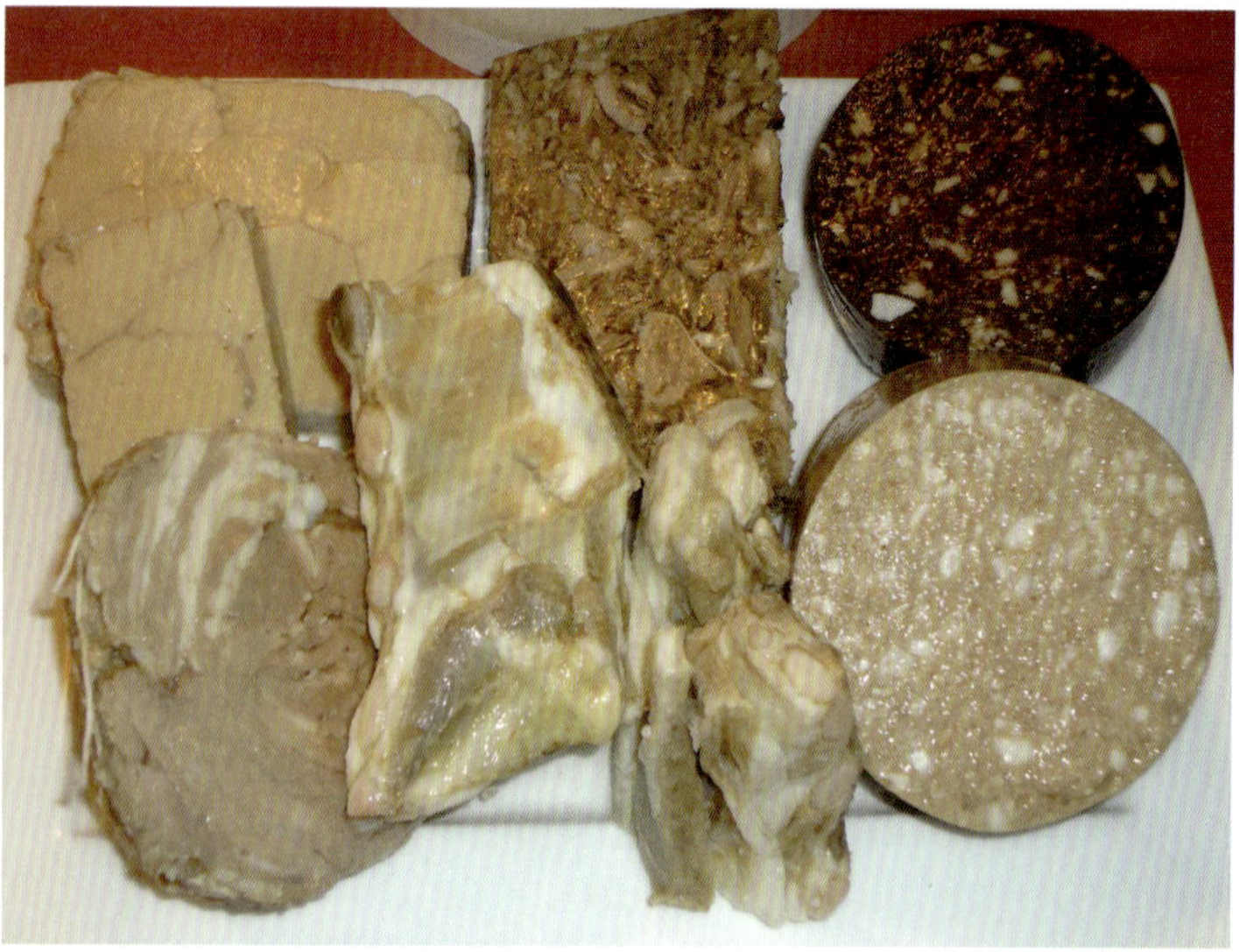

子ヒツジのロール肉と胸肉の他、睾丸、ヘッドチーズ、血と肝臓のプディングもすべて酸酵乳ホエーで漬けたもの。スールマトゥルはアイスランドの伝統食で、やはりクジラの肉で作られる。

出される。ヒツジの血のプディング「ブロウズミョール」と肝臓のソーセージ「リフラルピールサ」はそうした宴の定番で、スライスして冷たいまま食す。

イギリスのブラッド・プディングとハギスはそれぞれブロウズミョールとリフラルピールサと似ているが、スパイスが効いていて、食感はもっとざらざらとしている。どちらもブラック・カントリー［イギリスのバーミンガムを中心とする重工業地帯］、とりわけスコットランドで今も人気の食材で、スコットランドでは一部のフィッシュ・アンド・チップスの店で、衣をつけて揚げたものを食べることができる。スコットランドには、焼いたヒツジの頭や、ヒツジの足と首を使い、大麦と乾燥させたエンドウ豆、ニンジン、カブ、リーキ、パセリといっしょに煮込むパウサウディというヒツジの頭のスープがある。どちらも伝統的な郷土料理だが、最近はあまり人気がない。「瓶詰め頭」として知られる豚の頭のブローンは、スカンジナビアの同種のものと非常によく似ている。

毛焼きしたヒツジの頭は、今は南シベリアのバイカル湖周辺に暮らす遊牧民、ブリヤート人の伝統食のひとつだ。また、生レバーや蒸した胃のプディングといった料理もある。[25] 昔から炭水化物が少なく、脂肪と動物性タンパク質の多い食生活を送るイヌイットのハンターたちは、アザラシの死体から切り取ってまだ温かいうちに食べる肝臓を、獲物の最も貴重な部位と考えているという。そんなイヌイットは、ショックで打ちひしがれている人がいれば、冷凍してある蓄えから生レバーのスライスを切り取って差し出すこともあるかもしれない。マクタックは冷凍したクジラの皮と脂肪の料理である。

肉の他の部位より安価であることを考えると、モツの需要が高まるのも当然と思われるが、そこにはなお、概念的なだけでなく技術的な課題が残る。アメリカ人シェフのトーマス・ケラーがこう書いている。

フィレミニョン［牛肉の部位。ヒレの尾のほうの先端に近い部分］を焼いたり、ニジマスをソテーしたり……それで自分をシェフと呼ぶのは簡単である。しかしそれは本当の料理ではない。単なる加熱だ。だが胃袋を調理することは、もっと超越した行為である。(26)

モツはときに調理が難しく、しかも、モツそのものに対する反応もさまざまだ。イヌイットのならわしは原初的、あるいは根元的と見えるのではないだろうか。アメリカのフードライターたちは、ヨーロッパにはそれほど偏見がないというかもしれない。欧米では多くの人がモツの新しいレシピ本を買っては意欲をかき立てられ、興奮さえ覚えているが、いざモツを買って食べようとなると、そう簡単ではない。たいていは事前に注文しておかなければならず、おまけに、手に入りにくい部位については「エスニック」な肉屋、屠畜業者とより直接的なかかわりのある店に行かなければならないからだ。

第4章 ◉ モツの男性的イメージ

◉モツと暴力性

映画『グリーン・カード』（ピーター・ウィアー監督、1990年）のなかで、ジェラール・ドパルデューが演じる男はベジタリアンという考え方に閉口する。彼は、少なくとも赤い血の流れている男なら、肉の摂取は欠かせないと信じている。肉が絶対不可欠な食物だとすれば、肉のなかの肉は間違いなくモツだ。[1]

モツにはどこか男らしさがある。というより、私たちはそう思い込んでいる。モツは力強さや男性の性的能力と結びつけて考えられがちであり、一方では汚れたもの、そして多くの場合、道徳的な清らかさに欠けるものというイメージをもたれやすい。〝男らしい男〟は、

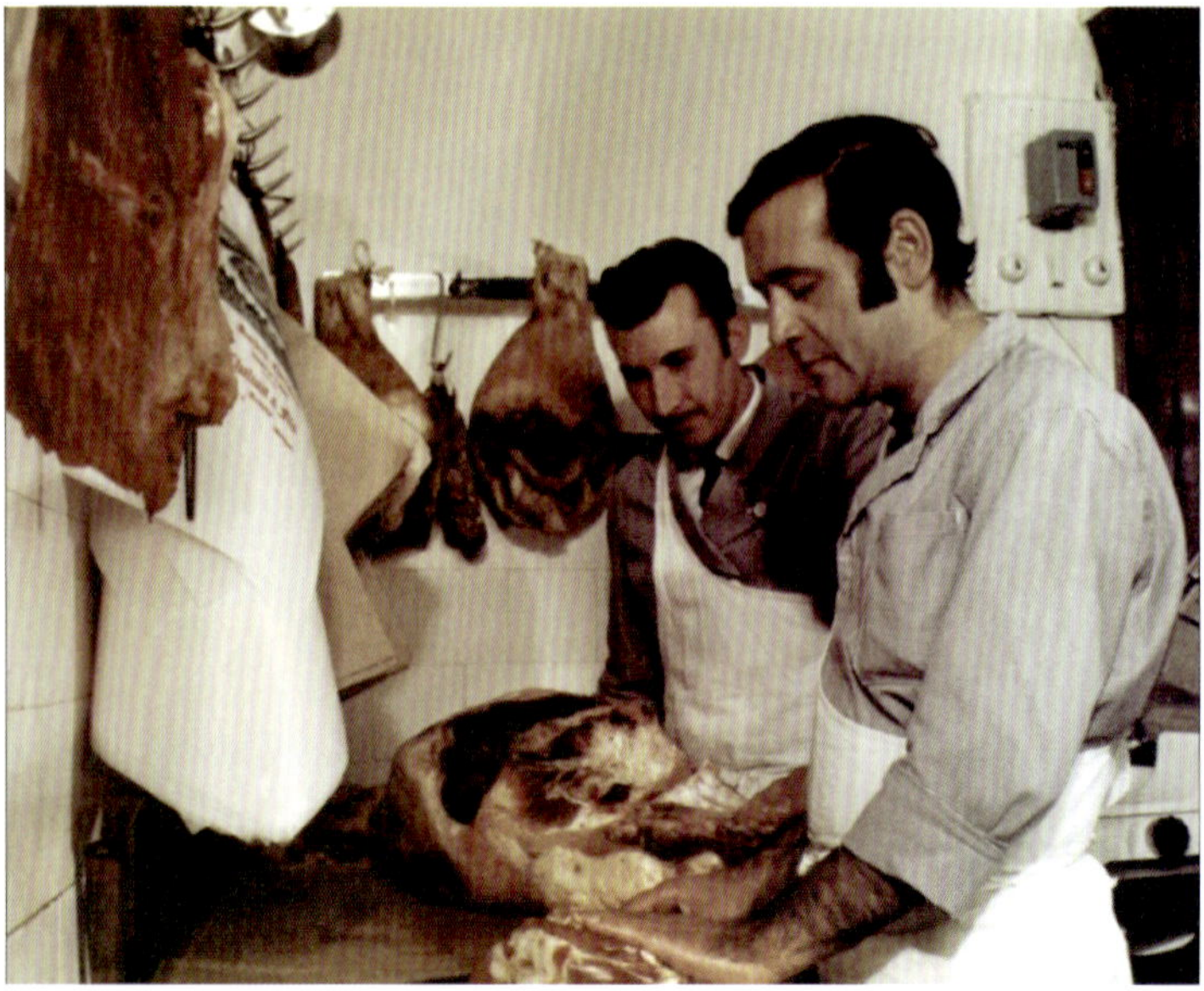

ジャン・ヤンヌが演じる殺人鬼ポポール（手前）。映画『肉屋』より。

女性的感性につながる繊細な神経などもっていなくて当然だ。1960年代のアメリカのテレビシリーズ『ローハイド』では、カウボーイが大草原の凍えるような猛吹雪のなか、女のために避難場所を見つける。しかしそれは死んだばかりのバッファローの死骸の奥にもぐり込むことだった。ふたりはまだ湯気をあげるはらわたのなかで暖をとるのである。

闘牛士は、より男らしくなるために、殺した牛の睾丸を食べることがある。血に染まった臓物はぞっとするような残忍性を連想させかねない。映画『肉屋』（クロード・シャブロル監督、1970年）は、アルジェリア戦争から帰還したポポールという男が主役のサスペンスだ。労働者階級である肉屋のポポールは、荒々しく粗野な一面を隠しもっている。そして肉屋の商売にからめて、暴力的な本能について語りだす。

俺は血が多い——あとからあとから湧き出てくるんだ。血のことはわかってる。たくさん見てきたからな、血も、血が流れるのも……。小さい頃、一度、血を見て失神したことがある——においはみんなおんなじさ、動物の血も、人間の血も。赤色の濃さの違いはあっても、においはまったく変わらない。

このふだん押さえ込んでいる暴力性こそが、教養があって穏やかな女性教師を性的に刺激するのである。

モツは下層階級の食べものの代表のように思われている面もある。しかし時代を先取りする、といっては異論もあるだろうが、そんな食べ物として最近再び注目されるようになってきたのは、特有の男っぽさのおかげもある。男女平等がこれほど進んでいる時代に、モツを「男っぽいもの」として扱う態度には、男らしさ優位という時代遅れなステレオタイプへのある種の郷愁が表れているのかもしれない。

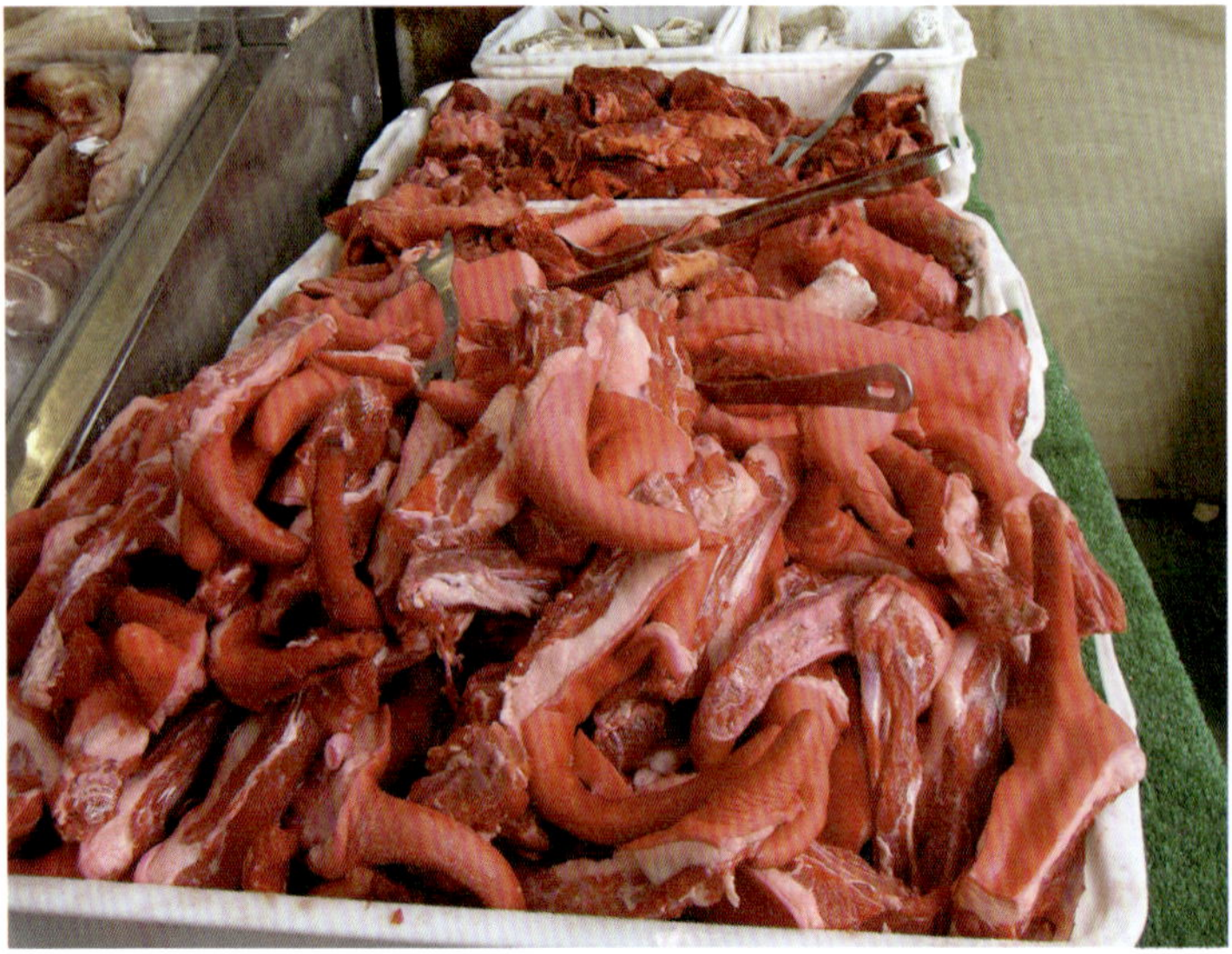

尾や足、その他さまざまな部位がいっしょに売られている。土曜の午後、ロンドン南部のブリクストン・マーケットにて。

モツをおいしそうに食べる女性は、それだけで女らしさを疑われてしまうかもしれない。もちろん、モツをおいしいと感じ、まったく不快に思わない女性もいれば、その逆の男性もおおぜいいる。欧米の男女について調べたいくつかの調査によれば、男性のほうがモツを好む傾向がある。また、女性がモツを好きだと言うときには、あえてきっぱりとした言い方をすることで自意識の強さを強調し、予想を裏切ってやろうという意図が感じられることが多い。つまり、本来モツは男性の食べものであるという観念が前提として存在するのである。

インド大反乱の時代を舞台にした

J・G・ファレルの小説『セポイの反乱』〔岩元巌訳。新潮社〕では、イギリス人のコミュニティが反乱軍に包囲され、死体の山に囲まれる。その死体は腐りかけの臓物と呼ばれ、肉体だけでなく道徳的な腐敗も象徴しているかのようだ。反乱のそもそもの原因は、インド人兵士が宗教上口にしてはならない動物の脂を銃に使用するようにと命じられ、ヒンドゥー教徒とイスラム教徒がともに反発したことだった〔弾丸を包んでおく「薬包」の紙の内部に牛脂・豚脂がぬられており、弾丸を銃身に装塡する際にこの紙を歯で噛み切らなければならなかった〕。

特筆すべきは、ふしだらな女として村八分にされていたイギリス人娘が薬包作りに熟練して反乱者たちを食い止めるのだが、その薬包は蜜蠟と傷んだバターで作られるので、反乱のそもそもの原因を回避しているのも同然だったことだ。娘は男の役割を担い、現実的な軍事問題を解決できるただひとりでありながら、〝市場《バザール》にいる地元の人々のようにあぐらをかいてすわる〟農民と同じように扱われるのである。

◉屠畜のイメージ

写真家エリ・ロタールのルポルタージュに、1929年にパリの屠畜場で撮影された組み写真がある。そのなかには、解体された脚を路上にずらりと並べたものもある。そのよう

ムンバイ南部のクローフォード・マーケットでモツを秤にかけている。2010年。

ボウルに入った子ヒツジの心臓（著者撮影）

すはまるで、やがて訪れる軍国主義を心待ちにしているかのようだ。また、切断された牛の頭部を撮影した写真もある。牛の目はどれもぎょろりと見開かれ、何かを訴えているようでもあり、作業する男たちに上から視線を送っているようでもある。

現代画家のヴィクトリア・レイノルズは、ラップランドのトナカイ処理場を訪れ、そのイメージを色鮮やかに描きだした。この作品は、レンブラントの１６５５年の作品「解体された雄牛」で表現されている嘆きを彷彿とさせる。こうした芸術家たちは皆、時代は違えども、人間の本質――人間もいずれは朽ちるただの肉にすぎないことを表現している。近年、欧米には、この事実から距離を置き、屠畜の現実から目を背ける傾向があった。これらはあまりに原始的だとされ、男らしさの象徴として扱われるのがせいぜいだったのである。

屠畜は力と正確さを必要とする技術で、感傷的にならない淡々とした態度も要求される。食肉解体者になるには、昔から男性的とみなされてきた感性が必要になる。食肉解体者「butchers」の集合名詞は「a goring」［gore には血のかたまり、流血の争い、殺害などの意味がある］である。屠畜と聞くと、エプロンについた血、手についた血、あたりに漂う金属的なにおい、床にできる染みや流れる血、屠畜の悲鳴といったものを連想するだろう。血も、血なまぐさいとされる臓物も、暴力による死と戦場を思い起こさせる。

主に1950年代に活躍した小説家のバーバラ・ピムは、男の食事には女よりも多くの肉が必要だと決めつけている風潮が喜劇的な効果を生むことに気づいた。まだ肉の乏しかった第2次大戦直後を舞台にした小説『ジェインとプルーデンス *Jane and Prudence*』のなかでジェインは、自分たちが夕食にレバーを食べているあいだに、お茶に招待した牧師が到着してしまうのではないかと気をもむ。牧師が分け前を欲しがるのではないかと心配しているのだ。すると、甥が地元で肉屋を営んでいるという家政婦がこう言う。「甥は公平にモツを分配してますけど、確かにいつも全員にまわるってわけじゃありませんからね(2)」

P・G・ウッドハウスは短編集『マリナー氏の夜 *Mulliner Nights*』（1933年）所収の

『ベストセラー』〔邦訳は『よりぬきウッドハウス2』に所収。森村たまき訳。国書刊行会〕の作中に出てくるある小説のタイトルを『臓物』としている。物語のなかにモツが登場するなら、そこにはたいていそれなりの理由がある。店員やパン屋、ITコンサルタントといった職業の登場人物はあまり深く考えずに作りあげられるだろう。だがそれが肉屋となれば、あるいはモツを食べるとなれば、登場人物としては決して当たり障りのない選択とはいえない。

たとえばサラ・ダニエルズの戯曲『ガット・ガールズ *Gut Girls*』(1988年)は、ロンドン東部のデプトフォードにある食肉処理場に勤める女たちの物語で、彼女たちは内臓にまみれて働いている。思い出されるのは、チャールズ・ディケンズの『オリヴァー・ツイスト』に出てくるスミスフィールド・マーケットの話だ。その労働環境は「ほぼくるぶしまで汚物とぬかるみに浸かっている」とされるものだった。『ガット・ガールズ』の女たちには、家事使用人として働く女たちと比べて比較的高い賃金と自由が手に入るが、血にまみれるその仕事は、ヴィクトリア朝時代のみならず、現代の女性についての考え方をもってしても、なかなか受け入れがたいものだろう。

人気ブロガーで作家のジュリー・パウエルはニューヨーク北部の小さな肉屋で食肉解体の技を学んだ。彼女はその話のなかで「べったりと血に汚れた手でやさしく臓物を扱った」と表現している。(3) 女性が肉屋として修業することは、今の時代でもめずらしいこととされ、パウエルは「肉切り包丁をもつ女」の話を多くの人に届けることを楽しんだ。ただし修業の根底にある動機――不倫を清算すること――が、そうした自立意識をいくらか安っぽいものにしてしまっている。まるで巧みに包丁をさばいて肉を割き、相互につながっている組織、つまり「継ぎ目」から腱を切り離したり、骨から肉をそぎ落としたりする修業がすべて、自分の気持ちを整理したり見直したりするのに役立つとでもいわんばかりだ。

彼女は、肉種をスプーンで機械のスタッファーに入れ、ゆっくり腸の皮に詰めていくブラッド・ソーセージ作りを、「なんだかあの行為といっしょ、いろいろな点で似てるような気がする……もっとも、ふたりでやったほうが楽しいけれど」と茶目っ気たっぷりに表現している。彼女がこの作業に喜びを感じているのは、男の性的役割を担っているような気がすることが理由といえるのかもしれない。修業が終わった彼女は「ジュリー・パウエル、ルフォーク」と彫り込まれた包丁一式を贈られる。フランス人肉屋が贈った「クレイジー・レディ」を意味するこの「ルフォーク」は、愛情がこもってはいるが、パウエルが世間一般の女性像と一致していないことを物語っている。

写真家のステファニー・ダイアーニは「臓物テイスト *Offal Taste*」シリーズで、性《ジェンダー》と型にはまったロマンティックなポーズというアイデアで人々を驚かせた(4)。作品のなかのモデルは一見アバンギャルドな衣装を着ているように見えるが、実際にはモツを身にまとっているの

ステファニー・ダイアーニ。「臓物テイスト」シリーズから『スヌード』。2009年。あらたまったポートレートかと思えば、モツの衣服。この場合は編んだ腸でできた中世風のスヌードでその印象が覆される。

ステファニー・ダイアーニ。「臓物テイスト」シリーズから『舌』。2009年。牛の舌のモヒカンは生で、本来なかにあるべきものが表にあるという遊び心を表現している。

である。美しい女性が繊細な白いレースのトップスを着ていると思いきや、じつは動物の胃袋だったり、男性の「割れた腹筋」がひとつながりのソーセージだったり、ヘッドホンは豚の睾丸、ネックレスは牛の尾の断片をつないだもの、あるいは豚の心臓でできている。ミニスカートは一列に並んだ豚の足。優雅なスヌードは編んだ腸。物思わしげにすわっている女性がやさしく頬をなでる何かに慰められているように見えるが、なでているのは牛の舌だ。

こうしたそれとないユーモアは、16世紀の巨匠、ジュゼッペ・アルチンボルドを思わせる。当時としては流行の先端を行っていた彼の奇妙な肖像画作品は、全体が果物や花、ときには魚や肉で構成されていた。

◉ジェンダーとしてのモツ

1952年にノーマン・ダグラスが媚薬的な食べものについて書いた『台所のヴィーナス――愛の女神の料理読本』〔中西善弘訳。鳥影社〕にはさまざまなモツ料理が紹介されているが、ハーブとスパイスで味付けした牛の脳みそ炒めや、子ヒツジの耳のスイバ添え、細かくきざんだ腎臓ソースのマカロニなど、どこがどうエロティックで、体にどう効果があるのかについては詳細に語られていない。これらのレシピからは、自意識過剰な卑猥さと気取り、どっちつかずのためらいが見てとれる。ダグラスは、アリストテレスが「ツバメは交尾しすぎるせいで3年生きることはまずない)」としてその脳みそを推薦していると伝えたり、ローマ教皇ピウス5世のお抱え料理人、バルトロメーオ・スカッピの、子ヒツジの睾丸にシナモンとクローヴとサフランを効かせたレシピを紹介したりしている。

やはりスカッピのレシピである「牛の睾丸のパイ」などのレシピにはかすかな下品さがあり、ホラティウスやプリニウス、マルティアリスら古代の文人が称賛した『アピキウス』のレシピに登場する一品、雌豚の外陰部を使った料理にも触れている。

豚を殺すのは、田舎で豚を家族同然に飼った経験のある者にとってはとくにつらいことかもしれない。トマス・ハーディの『日陰者ジュード』(1895年)〔邦訳は川本静子訳/中央公論新社他〕で主人公ジュードは、プロの屠畜業者が現れず、無情な妻のアラベラに急き立てられて、みずから豚を殺さざるをえなくなる。肉屋での修業がジュリー・パウエルの気持ちに整理をつけたように、この屠畜作業によって妻との関係がいかに悪化しているかがはっきりとわかり、ジュードは意気消沈する。アラベラは「腕っこきの屠畜者はみんな豚に長い時間、血を流させておくものだ」といって、豚をゆっくり殺すようにといいつのる。だが追い込まれたジュードは、アラベラが「ブラックポット」というブラック・プディングの一種を作るために新鮮な血をためておいた甕《かめ》をひっくり返してしまい、妻のひんしゅくを買う。

そうして自分は「心やさしい愚か者」なのだと判断する。「ジュードは自分のしたことに男として不満を感じた」（傍点は著者による）のである。

アラベラは自分が「何も無駄にしない、豚のすべての部位を大事にする」村の伝統を受け継いでいることに誇りをもっている。にもかかわらず、ペニスという「モツのクズ」を下卑た仕打ちとしてジュードに投げつけるのだ。「ふにゃりとした冷たいもの」という描写が、ジュードが性的不能者であることを暗示している。[5]

◉モツ同好会

欧米ではモツが総じて苦境にあるなか、モツへの関心を高めるための同好会が結成される動きもある。その多くが男性限定だ。たとえばニューヨークでは、冒険心のある者たちのダイニング・クラブが、奇妙な「ゲテモノ」の味見を楽しんでいる。前人未踏の地へメンバーが果敢に出かけていくとでもいうように、クラブは「ザ・ガストロノーツ The Gastronauts」［「食通」の gastrome と「航行する人」の -naut を組み合わせた造語］と称している。[6]

イギリスでは、マンチェスターを拠点に集まった仲間が「悪評高い食べもの」であるモツを宣伝、賛美している。その目的は、ひとつは人を驚かせること、ひとつは男同士の連帯感

鶏の足は老女の手にとてもよく似ている。

を味わうことだ。わざと下品な言葉を使い、「キンタマ・アンド・陰嚢の会」という名の集会を開き、子ヒツジの睾丸に柑橘系の果物と黒砂糖、パプリカを添えて「メキシ睾丸」として出し、自分たちは車エビのカクテルを作りたくても雄鶏の尻尾《コックステール》［「コック cock」にはペニスの意味もある」が手に入らなかったとジョークを飛ばす。プディングにさえ、動物の皮や骨をゆでたときに出るとろみのもと、ゼラチンが入っていなければならない。

　レストラン批評家のジャイルズ・コレンは、昨今流行りのレストランはメニューに簡潔であいまいさのない言葉を使おうとする点を指摘し、これを「これ見よがしの気取り」のない「簡潔さと専門用語」の組み合わせだと呼んでいる。[7] しかしロンドンのベトナム料理レストラン「ケイ・トレ」は、豚足料理に「モック・ドッグ（犬まがい）」と名付けることにためらいがあったという。ベトナム料理では犬を使うこともあるが、このレストランのオーナーは客側が受け入れられる限度を心得ているということだろう。

　モツを食べることにさえ賛否があるのだから、ペットを食べるなど言語道断というわけだ。本来は、たとえばあるレストランがトルコの昔ながらの伝統食であるモツのグリルを出すとしたら、子ヒツジの大きな睾丸を生のままウインドウに並べてもおかしなことではない。だかいくつかの同好会がまたモツを食べるようになってきたとはいえ、彼らは文化の真正性を求めているわけでも、味さえよければそれでよしと思っているわけでもない。

◉ハギス論争

文化とひと口に言ってもきわめて多様であるにもかかわらず、私たちの多くは今でもハギスといえば男性的なスコットランドの伝統を連想するだろう。食物史の専門家アラン・デイヴィッドソンによれば、ハギスの起源はローマ時代にあるという。ハギスは、臓物とヒツジの胃あるいは大網内に残るオート麦で作られる一種のプディングで、正確な材料は謎のままでも、ヒツジの肺が含まれることだけは知られているため、アメリカの食品医薬品局はこの40年、アメリカへのハギスの輸入を禁じている。この状況は1989年以来の牛海綿状脳症（BSE）に対する不安によっていっそう複雑になっている。

「ハギス」という言葉の語源はもともとスカンジナビア語にさかのぼることができ、「切りきざむ」「鋭い武器で突き刺す」を意味する古ノルド語の「hoggra」または古アイスランド語の「haggw」に由来する。(8) あるいは、「人をふらつかせるもの」という意味の古ヘブライ語「hagga」に由来している可能性もある。ハギスは、移動のつづく牛追いが簡単に持ち運べる食べものだったという説もあれば、地主が主要な肉を引き取ったあとに熟練の屠畜業者にわたす報酬だったとする説もある。

ハギスには喜劇めいた雰囲気がつきまとう。その由来は、一説には、片側2本の脚がも

ケイト・リンチ。『屠場のレール』。2007年、油彩、キャンバス。

う片側2本の脚より短い、スコットランドの山々を駆けまわるのに理想的な姿をした稀少動物にあるという。モンティ・パイソン［イギリスのコメディグループ］のギャグのひとつに、自分自身を食べた少年について描いたこのような詩がある。「まず肝臓、次に肺。そして耳、さらに首、顎、そして舌……」[9]

最近になって歴史家のキャサリン・ブラウンが大胆にも、このスコットランドの国民食が200年前にすでにイングランドで食べられていたと指摘したことがきっかけで、マスコミから激しい憤りの声が噴出した。[10] ブラウンがいうように、1615年に書かれた『イングランドの主婦 *The English Hus-wife*』のレシピが、ハギスの起源がイングランドにあると証明しているにしろ、あるいは単にイングランド人が近隣諸国からおいしい料理を採り入れることに熱心だったと示しているにすぎないにしろ、ブラウンの指摘はスコットランド人にとって、主権侵害も同然だったのである。

スコットランド人作家のアレグザンダー・マコール・スミスはマッチョな男が驚愕しているといった体《てい》で『ニューヨーク・タイムズ』に寄稿し、スコットランドを訪れる人はハギスにトライし、「味を中和する」ためにひと口のウイスキーで流し込むことを勧めている。[11]

スコットランドの国民的詩人ロバート・バーンズの有名な詩『ハギスのために』（1786年）では、スコットランドを女性、ハギスを勇敢な男性戦士に見立てている。

正直なおまえの笑顔に幸いあれ！
腸詰一族の偉大なる王よ、

古き良きスコットランドには水っぽい食べものなど用はない、
器の中でじゃぼじゃぼ音のするような。
しかし、天使様、あなたが感謝の祈りをお望みなら、
スコットランドに、与えたまえ、ハギスを！
［『ロバート・バーンズ詩集』（ロバート・バーンズ研究会編訳。国文社）より］

◉カムフラージュされるモツ

ここまで、モツは粗野な男らしさの表れだと述べてきたが、偉大なシェフのなかには、モツ料理を嬉々としてメニューに組み込みながら、その姿をわからないように変えて、素材の持ち味をうすめてしまうケースもある。

たとえば、ある料理を別の料理のように変身させ、複雑で派手に見せることに喜びを感じていたカレームは、モツが動物から取り出したものだとは微塵も感じさせないような料理を

作ろうとした。カレームはフランス革命を体験したので、革命の残虐行為を思い起こさせるものを避けたくて、優美な技を磨いたのかもしれない。だがその技によって、モツはカモフラージュされるとともに女性化され、中性的な料理として権力者のテーブルにのぼるようになったのである。

古代ローマ時代に書かれた風刺小説『サテュリコン』(ペトロニウス作)では、登場人物のひとりが、豚のあらゆる部位を別の食べもののように見せかけた料理だけを並べた宴の支度をする。ひょっとすると、料理に使ったモツの正体がばれないようにする考えは、恥ずべきこととは言い切れないのかもしれない。というのも、装うことはひとつの喜びだからである。ある食べものが別の食べものとして差し出される――まさしく、つかの間の食の劇場だ。私たちは男性的な内臓であれなんであれ、自分が何を食べているのかを知りたいものだが、多くの場合、知らないのが実情なのだ。

イギリス人シェフのヘストン・ブルメンタールはこの「錯覚」に注目し、BBCのテレビ番組「ヘストンの晩餐会」(2010年)で、おとぎ話をテーマに豚の臓物で豚の頭を作った。鶏の睾丸は「ジャックと豆の木」の不思議な豆に見立てられ、コーティングと色付けが施された。客たちはその睾丸に警戒心をもつどころか、かわいいと思ったという。

ブルメンタールは、相手がリアルなモツを予想していることを見越して、「『白雪姫』に出

ヒツジの目玉を食べる少女。キプロス、2012年。頭はにおいも味も最も刺激が強く、一番のごちそうと考えられている。子供たちには食べやすい部位として脳が与えられる。

てくる猟師の獲物」という設定を借りて裏をかく。おかげでそれぞれの部位が「魅力的《セクシー》」になるというわけだ。といっても、睾丸はそのままで十分にセクシーだという人もいるだろう。女性化された非現実的設定を使って本物のモツを架空のモツのように見せることは、豚のさまざまな臓器をバラエティ豊かに、偏見なく味わってもらうためのひとつの手段なのだ。

とはいえ、豚の実際の部位でひとつだけその対象外だったのが目玉だ。スーダンからアイスランドまで、多くの文化ではジューシーな珍味と見なされている目玉だが、ブルメンタールは、どうしても食べる気にはなれなかったと認め、代わりのものを作ったのである。

番組では、彼が目玉を食べることをあきらめる姿が映し出される。どうやら彼は、自分が先入観によって味見すらできないものがあることに驚き、「嫌悪感を抑えられずにお決まりの反応」をしてしまった自分に唖然としているようだ。一見マッチョなシェフもこのときばかりは、なんとも今ふうの「好き嫌い」を衆目にさらしてしまったというわけだ。

第5章◉儀式のなかのモツ

モツは、私たちの感情や思考と切っても切れない関係にあるため、モツをとりまく迷信めいた信仰が生まれてきたのも不思議ではない。

エチオピア東部の都市ハラールでは、今も儀式に見たてて野外で行なわれるハイエナの餌付けのパフォーマンスを目にすることができる。夜、ハイエナマンと呼ばれる男たちが森にいる野生のハイエナを呼び出す。そして臓物を巻きつけた短い棒を口にくわえ、至近距離からハイエナに餌付けする。ハイエナは動物のなかでもとくに噛む力が強く、大きな危険を冒すという原始的な大胆さを観光客に見せることで男たちは金を稼ぐのである。リベリアには、人間の子供の心臓を食べることで力が得られるかもしれないという言い伝えがある。反乱軍のリーダーだったジョシュア・ミルトン・ブライは、1979年から93年の内戦中にそうした儀式に加わっていたことを認めている。[1]

大罪を犯した者に対する中世イギリスの刑罰は、首吊りにしたうえに「ただし本当に死ぬ前に縄が切られ、意識を失わせない」、性器を切り取り、内臓を取り出し、目の前で自分の臓器が焼かれるのを無理やり見せ、最後に四つ裂きにすることだった。このような処刑はヨーロッパの他の国々でも形を変えて行なわれていた。犠牲者があたかも自分の身を食らっているかのように、内臓を口に入れられることもあった。これと似た悪夢が、ボスニア・ヘルツェゴビナ紛争中に起きた1995年のスレブレニツァの虐殺の報告にも見られる。戦争犯罪国際法廷のフアド・リアド裁判官が、ある男性が「木に串刺しにされ、自分の孫の内臓を食べさせられた」と報告しているのである。[2]

●宗教

内臓、とりわけ心臓と血には、個人を象徴しているように思える何かがある。ローマ・カトリック教会の化体説《かたいせつ》は、聖餐式で使われるパンとワインがキリストの体と血であるとするもので、このため司祭と聖体拝領者はキリストの肉と血をいただいていると考えている。聖人の体の一部、すなわち、キリストと身体的にじかに触れ合った最も強力な聖骨は奇跡を生

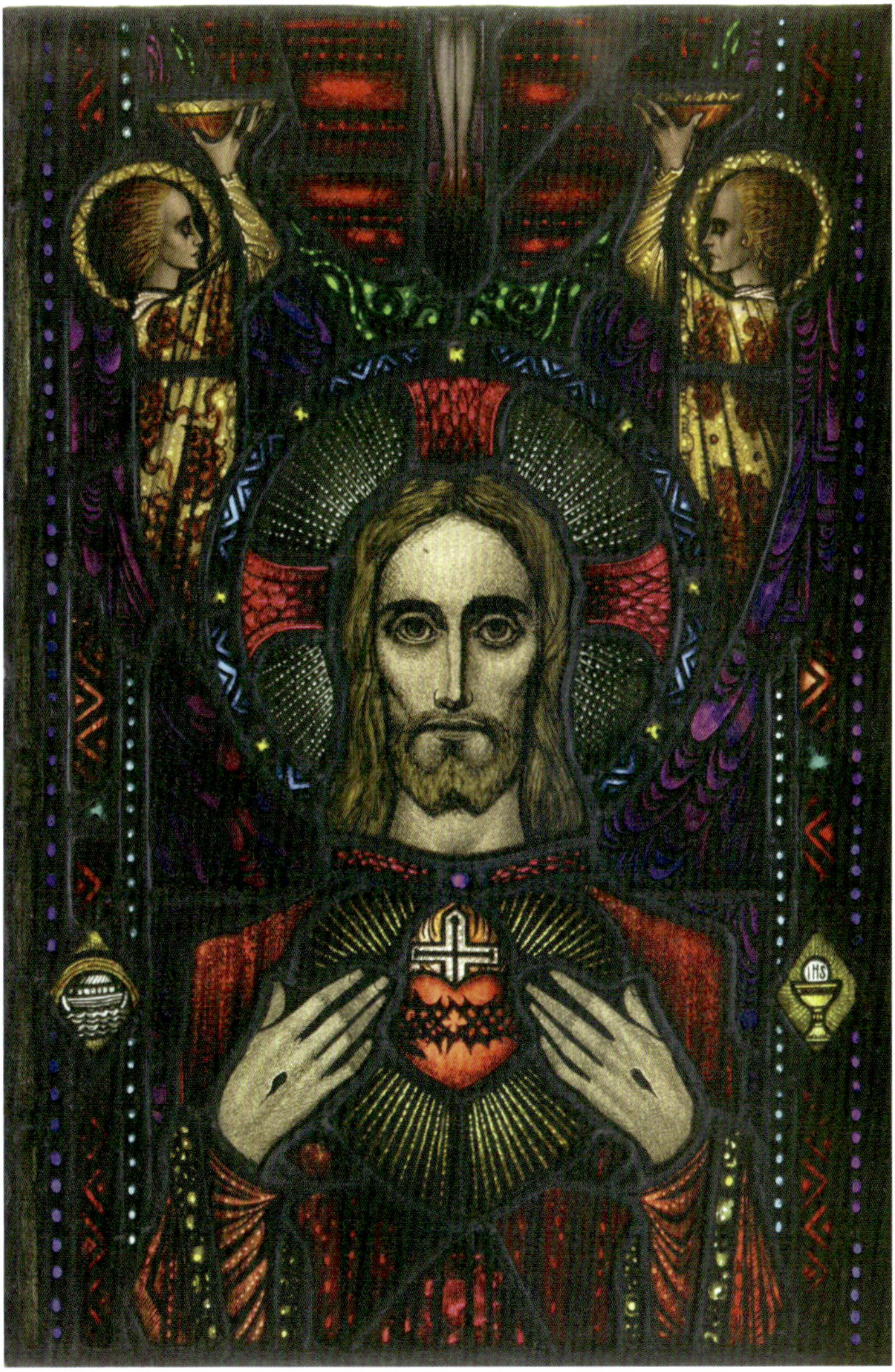

ハリー・クラーク。『聖心の出現』の窓。1918年デザイン、透明・色・フラッシュドガラス。出血したむき出しの心臓はキリストの愛と慈悲という思想だけでなく、キリストの殉教も象徴している。

み出すこともある。

カトリックとアングロ・カトリックおよびルター派の教徒は、愛と犠牲の象徴である「イエスの聖心《せいしん》」を崇拝している。イエスの聖心は、一般的には、幼子《おさなご》キリストあるいは成人したイエスが十字架にはりつけにされ、槍で突かれた心臓が赤々と燃えているイメージで表現される。16世紀にはこの聖心崇拝が広まり、「聖心像」は今でもメダイ（メダル）と、小さな四角い血のような赤いフランネルに貼りつけたスカプラリオ［キリスト教の修道僧や信者が着用する肩衣］によく使われている［メダイもスカプラリオもカトリックでは準秘跡と考えられている］。

血、または血の概念には、不思議な力が宿っているのかもしれない。旧約聖書の律法に従うユダヤ教では、鳥獣の肉からは血を抜かなければならず、フィリピンのキリスト教系宗教団体「イグレシア・ニ・クリスト」はディヌグアンを食べることを禁じている。この大衆的なシチューが豚の血で作られているからだ［第2章参照］。「生き物の命は血の中にあるからである。わたしが血をあなたたちに与えたのは、祭壇の上であなたたちの命の贖《あがな》いの儀式をするためである。血はその中の命によって贖いをするのである」（レビ記17章11節）。したがってキリストの血と傷ついた心臓は、人類の罪を意味している。旧約聖書では、内臓を燃やすことで罪を消滅させられる。「また捧げ物の脂肪と腎臓と肝臓の尾状葉《びじょうよう》を、主がモーセに命じられたとおり、祭壇で燃やして煙にした」(レビ記9章10節)。

ユダヤ教のなかには他人の命を救うために臓器提供を認め、奨励までしている宗派もある。一方、「エホバの証人」は、先に血を取りのぞいた場合にしか臓器や組織の移植を認めていない。輸血を認めていないからである。

こうした立場は、「ヴェニスの商人」に登場する高利貸し、シャイロックのジレンマを思い起こさせる。シャイロックが契約に従って今にもアントニオの肉を切り取ろうとしていたとき、ポーシャにこう警告される。「この証文はおまえに一滴の血も与えてはおらぬ。はっきり、肉1ポンドとだけ書かれている」(4幕第1場)。血は肉とは切っても切り離せないものであるため、シャイロックの正当性が認められることはまずない。肉はその性質上、血に染まっているのだから。

日本の神道では、亡くなった人の肉体は不浄とみなすため、臓器の摘出が問題となることもある。また臓器摘出は、死者と、あとに残る「遺体」と呼ばれるものとの関係も損なうと考えられている。ロマ族(ジプシー)も、死者の魂は死んで1年後に引き返してくる可能性があるため、肉体はそっくりそのまま残っているべきだと考え、臓器提供に反対している。

◉食人

ヨーロッパと極東でさまざまに形を変えて語られる言い伝えに「食べられた心臓の伝説」がある。たいてい、不貞の妻が復讐に燃える夫に、恋人の心臓を食事に出されるという話だ。「デカメロン」に書かれたある話では、タンクレディが娘の恋人グイスカルドを殺し、その心臓を黄金の杯に入れて娘に送りつける。娘はその盃に毒を盛ると、恋人の心臓を胸に抱きしめながら、杯をあおり、死んでしまう。

同じ「デカメロン」の別の話では、グリエルモ・ディ・ロッシリオーネが妻の恋人を殺し、その心臓をイノシシ料理と見せかけて妻に食べさせる。そしてだましたことを明かすと、妻は塔から身を投げてしまう。こうした話では、心臓が感情、とりわけ愛を象徴するものとして描かれている。殺す側は殺される側をさらに辱めようとしているのだが、実際にはその行為こそが、恋人たちを肉体的にも精神的にも結びつけてしまうのである。

何も知らないうちに人間を食べさせられていたというこのテーマは、サド・マゾ的スリラー文学だけでなく、ホラー映画でもよく使われる。また、被害者の臓物を保管して食べていた実在の連続殺人犯もいる。大量殺人の容疑で１９５７年に逮捕されたアメリカ人のエド・ゲインは、冷蔵庫のなかに臓器をしまい、他にも座面に人間の皮を張った椅子や、９つの女性器を入れた靴箱など、ぞっとするような記念の品を家じゅうに保管していた。ゲインは、トマス・ハリスの『羊たちの沈黙』〔高見浩訳。新潮社〕（1988年）に出てくる、人間の皮で作ったボディ・スーツをまとう連続殺人犯、ジェイム・ガム（〝バッファロウ・ビル〟）のヒントになったといわれている。また、この映画の別の登場人物、優雅に食人を行なうハンニバル・レクター博士は、「古い友人を昼食にしたことがある」と話す。より正確に言うと「空豆と上等なキャンティ・ワインといっしょに人間の肝臓を堪能した」のである。

「肉屋の主人」として知られるドイツ人のアルミン・マイヴェスは、2003年、ベルント・ユルゲン・ブランデスを殺害した罪で裁判にかけられた。このマイヴェスもブランデスの肉を食べていた。裁判でのマイヴェス側の主張は、ブランデスはみずから肉を差し出した、ふたりでブランデスのペニスを食べようとしたのだ、というものだった。しかしペニスは生では硬すぎるとわかり、その後マイヴェスがワインとニンニクで炒めたという。事件は数々の映画や歌の題材となり、マリリン・マンソンの「イート・ミー、ドリンク・ミー Eat Me, Drink Me」（2007年）などが生まれている。

カーリーのために調理されるヴィクラマーディティヤ。1800年頃、紙本着色。女神カーリーと取り巻きの亡霊たちが伝説の英雄を縛りあげ、生きたまま釜ゆでにする。

◉神話

モツにまつわる神話的信仰はいくつも存在する。フランスの社会人類学者クロード・レヴィ＝ストロースは、ブラジル中央部に暮らすボロロ族の神話と、プレアデス星団（すばる）の起源に関する彼らの信仰について調べている。[3] それによると、殺害されたある男の亡霊が自分をきちんと埋葬してはらわたを撒くようにと求め、その内臓が宙を舞って星団になったという。ギアナにも似た神話があるが、そちらでは、殺害された男のはらわたが星になると川が魚でいっぱいになるといわれている。

アレクナ族には水生生物と天界とを結びつける神話が伝わっている。プレアデス星団の化身である男の義母が食事に出す魚は、じつは彼女の子宮から取り出したものだった。それを知った男は砕いた水晶を底に仕込んだ落とし穴を川岸に作り、義母を殺した。義母の体は鋭くとがった水晶でバラバラになって川へ落ち、その肝臓は水生植物となった。この水生植物の種は義母の心臓だといわれている。北米のズーニー族は、星は手足をばらばらにされた人食い鬼の肺から生まれると信じ、ナヴァホ族の神話では、水生動物は水に浸かった巨大熊の内臓から生まれると考えられている。

◉戦争

戦争や飢饉などで栄養源が手に入らないときには、人間の肉が現実的な商売につながる可能性もある。また、敗れた敵の臓物を食べるのは、相手の肉体だけでなく精神をも制圧したしるしと考えられることもある。

ジェイムズ・ブラッドリーのノンフィクション『フライボーイズ *Flyboys*』（２００３年）は、第２次大戦中に捕虜となったアメリカ人パイロットたちが日本の父島で食された事件を詳細に描いている。ここで興味深いのは、人間の臓物が食料という観点から注目されている点だ。日本兵は捕虜の体を解体することに強い関心を持っていた。そこには、儀式的側面とともに、ある種の客観性もあっただろう。選りすぐりの臓物は、上官のためにとっておかれた。

その晩、的場少佐と数名の陸軍将校が森国造海軍中将のいる本部へある珍味を届けた。的場は、フロイド・ホール［捕虜］の肝臓をその宴のために特別に調理させていたのである。「竹串に刺して、醤油と野菜で調理させました」と的場は言った。「肉はごく小さく切り、タケノコといっしょに串に刺しております」

日本料理でよくあるように、ここでも食べものの健康効果が強調される。

「将校たちは、肝臓は胃にいいと言っていた」……と的場は回想した。「森海軍中将が、日清戦争の際に人間の肝臓が薬として日本軍に食べられていたことを話題にしたんだ。それで他の将校がみんな、肝臓は胃に効くいい薬だと賛同した(4)」

◉オカルト

吸血鬼は、東ヨーロッパやアフリカのブードゥー教、アジアの民間伝承など、世界中のさまざまな文化のオカルト信仰に登場する。マダガスカルのベツィレウ族は、貴族の血だけでなく、切り落とした爪も欲しがるという。吸血鬼にまつわる昔ながらの信仰は、南米でも数多く見られる。

吸血鬼は、もともとは恐怖を抱かせるものだったが、近年は魅力的なものというイメージがしだいに定着しつつあり、吸血行為も人を脅かすというよりは性的に人を魅了するかのようなイメージに変わってきている。その証拠に、F・W・ムルナウの映画『吸血鬼ノスフェラトゥ』（1922年）でマックス・シュレックが演じた病的で鬼気迫るオルロック伯爵と、2008年の映画『トワイライト』および同シリーズのポスターとを比べてみればいい。後者の登場人物たちはしかつめらしい顔はしているものの、若く、きちんとした身なりで、みな一様に魅力的であり、少しだけ切歯《せっし》が長いにすぎない。

◉血と生贄

中国では昔からヘビの血のワインが興奮剤として飲まれているが、これは屠《ほふ》ったばかりのヘビの、まだ動いている心臓の血から醸造される。生きたものの臓器は、それを食した者の精力をより強める力があるとするこの考えは、金持ちの外国人たちが男性機能を取りもどすために生きた猿の脳を探し求めているという話からも裏づけられる。猿はテーブルの下に押し込められ、脳みそをスプーンですくうのに都合がいいように、テーブルの真ん中に開いた穴に頭を固定されるという。

一方東アフリカに暮らすマサイ族のハンターたちは伝統的に、牛乳に自分たちの牛から採ったばかりの血を混ぜて飲むことで長い移動距離を乗り切っていた。古代エジプトで乾季になるとこれと似たような方法でタンパク質を余分にとっていたのと同じことだ(5)。最近ではマサイ族も儀式のときにしか新鮮な血を飲まなくなったが、病人や衰弱した人には今も栄養価の高い飲みものとして与えられている。

イヌイットの文化においては、アザラシの血が人間の血を増強すると考えられている。ハンターたちはアザラシを仕留めたあと、肝臓をみなで分けて食べ、その後ひとつのカップで血を回し飲みして、肉といっしょに脳みそと脂肪を食べる。それからようやく、女性と子供もごちそうに加わることが許される。こうしてみなで儀式をともにするのは、仕留めた獲物に敬意を払うことが目的で、カトリック教徒が化体説を信じているのと同じように、イヌイットはこの儀式によって、アザラシの肉体と魂を自分たちのなかに取り込めると信じているからだ。

同様に、現在のサンフランシスコ・ベイエリアに暮らすオローニ族も、鹿を殺したあとは

「アステカの人身御供」。16世紀、スペインの『マリアベッキアーノ絵文書』より。

厳粛な儀式を執り行なう。「鹿への祈りと感謝の所作」のあと、死骸は村へと持ち帰られる。

胃を取り出し、そこにいくらかの内臓と腎臓まわりの選りすぐりの肉を詰めて、狩りに同行した男たちに差し出される。肝臓は年老いた女たち——狩りをする男たちをトウモロコシがゆやシードケーキで育ててきた——のためにとっておかれる[6]。

アステカ族の人身《ひとみ》御供《ごくう》は、洗練された象徴性と血なまぐさい行為が錯綜していた。おそらく奴隷か捕らえた敵が生贄《いけにえ》にされたのだろうが、そのような形で死を迎えることは名誉とみなされたといわれている。儀式の日の晩、宵の明星が本格的に輝き出す頃、生贄が主祭壇の上で両手足を広げて押さえつけられる。そして神官が石のナイフで胸を切り開き、心臓を取り出して火をつけ、太陽神に敬意を表して高々とかざす。生贄を捧げたあとは、血を入れた器が通りを運ばれ、剝ぎとった生皮は——固く締まって腐りかけていたとしても——威勢のいい戦士が身に着けた。こうした儀式のあとに開かれる宴には、生贄の肉や心臓、内臓が、それとは対照的に礼節をもって、料理として優美に並べられた。(7)

◉医学と呪術

体の器官は性格と気質の両方に影響をおよぼすと考えられることもある。ヨーロッパ文化では、体液は食べたものの影響を受けると考えられていた——たとえば脳や心臓を食べると、黒胆汁を作る(憂鬱になる)と考えられていた。また、人格と健康に対する内臓の影響力は、ユナニ医学(ユナニ・ティブ)という、イスラム世界、とりわけ中東と中央アジアで重要な位置を占めつづける医学体系でも重視されていた。(8) ユナニ医学はギリシアとアラビアの学問が起源で、とくに2世紀に皇帝マルクス・アウレリウスの典医だったガレノスの教えをもとしている。

毒舌で知られるアンブローズ・ビアスが、風刺に富んだ『悪魔の辞典』（1911年）のなかで、こうした転移する関係について書いている。

Liver 肝臓（名詞）――人が胆汁質（怒りっぽく）なるようにと、思慮深くも与えられた大きな臓器。今や文学解剖学者のだれもが心臓《ハート》に去来すると知っている感情や情緒が、かつては肝臓にあらわれると信じられていた……一時、この臓器は命の座と考えられていた。よってその名は――私たちがそれによって生きるもの、「live（命）」を「-er（有するもの）」で「liver」となった……(9)。

そのあとビアースはさらにストラスブール・パテの美点を褒めたたえている。

地質学は地球をぱっくりと割いてその内部を調べることによって未来を占う術とされてきたが、古代におけるさまざまな文化で、未来や神の意志が動物の内臓で占われていた腸卜《ちょうぼく》術《じゅつ》も、古代ギリシアではまさにそうした信頼のおける行為と見られていたのかもしれない。セネカ版の『オイディプス』では、亡き王を殺した者を突き止めるために、盲目の予言者テイレシアスに命じて、雄牛とまだ子を生んだことのない若い雌牛を生贄とさせる。すると、そのはらわたは腐っていたことが判明する。

ギリシア人とローマ人が戦いの前に行なう生贄の儀式において、血のように赤い肝臓は勝利を約束するもの、そして青ざめた色なら、敗北を予兆するものだった。このため、マクベスが召使いを「この臆病者（lily-livered）め［lily＝百合、liver＝肝臓で、「百合のように（白い）肝臓」といった意味］」と呼ぶとき（第5幕第3場）、彼にはその病的な青白い召使いが敗北を予言しているように見えたのである。

2010年のFIFAワールドカップの際、南アフリカの稀少なケープハゲワシが密猟されたのは、古くから伝わる「ムティ」の呪術が原因だった。[10] ハゲワシの脳は伝統的に、乾燥させて粉末を吸引すると未来が見えると信じられていた。そのため、サッカー賭博をしていたギャンブラーたちが、この呪術のために闇取引でワシを手に入れようとしたのだ。最近のヨーロッパでは、ナイジェリアに起源をもつヨルバ族のまじないに関連して、人間を殺害して臓器を切り取る儀式がさまざまに報告されている。こうしたムティの儀式では、とくに効能のある部位とされている耳や心臓、性器が切除されることもある。

テレビの犯罪ドラマや映画やサスペンス小説では、殺された遺体の臓器の状態から死因が判明することがある。このようにわかりやすい根拠が提示されると、視聴者が安心するのだろう。それにしてもその物語のミステリー性や主人公の鋭い勘から来るカリスマ性のほとん

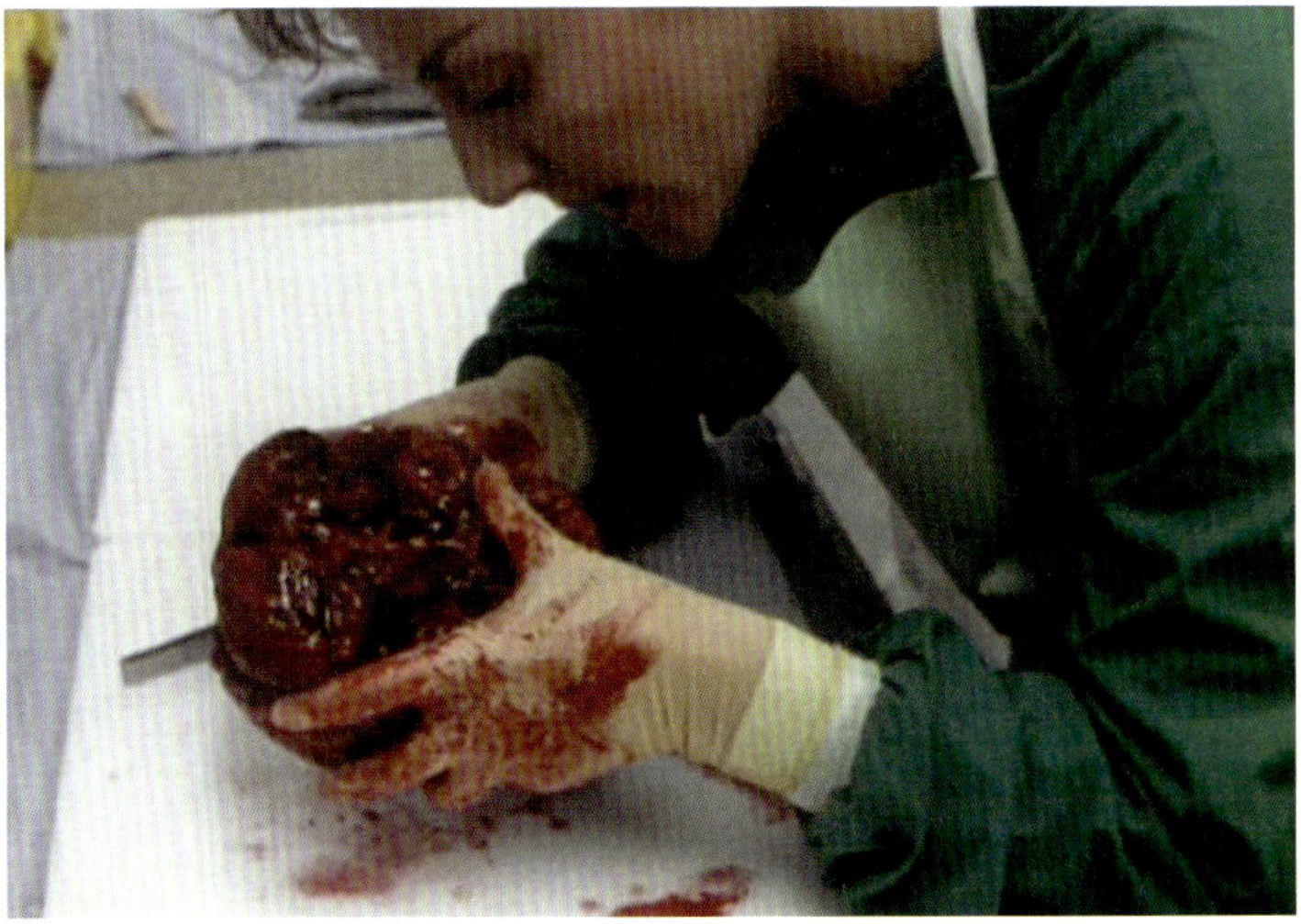

フィクションの世界の検視には、多くの場合、どこか宗教的な面がある。写真は1996年にスタートしたテレビシリーズ『法医学捜査班』より。アマンダ・バートン演じるサム・ライアン教授が、殺された被害者の脳をうやうやしく調べている。

どは、もっぱら検死を取り巻く雰囲気や、病理学や犯罪捜査の厳粛さによって表現されているように思えるよ。たとえば、世の中にうんざりした医師が、そこに控えている捜査官に対してぬらりとした臓器を高々とかかげてみせる。そうして人体の秘密――外傷、薬物などの過剰摂取、毒、窒息による血流停止、病歴――を明らかにする、といった具合だ。

モツへの敬意を表現することは、戦争で荒廃した1940年代のナポリの肉屋を描いた作家、ノーマン・ルイスに任せよう。私たちも同じ気持ちになるかもしれない。

肉屋の店々に並んだ臓物は芸術的に

配置され、敬意をもって扱われている……鶏の頭……灰色の腸はぴかぴかに磨かれた皿に小さく盛られている……砂肝……子牛の足……気管の大きなかたまり……。こうした珍味を売ってもらおうと、客たちは小さな列を作って待ちかまえている。(11)

第6章◉薬としてのモツ

◉健康と栄養

人間はなぜモツに敬意を払うのか。それには昔から理由がある。食べものと健康との関係は2世紀に書かれたガレノスの著作で説明されているが、その説はガレノスの臨床医としての経験や知識から生まれたものだった。

彼の著作は科学的な観察と実験、さらには体液のバランス理論にもとづいている。脳みそは粘液質で、「食べると排便に時間がかかるうえに消化しづらく、また、とくに胃によくない」ため、体に悪いとしている。ところが、脳みそで吐き気をもよおすなら、食べたものを吐かせたいときには食事の最後に油に浸けて出すとよいと勧めてもいる。見事な実利主義的発想である。(1) 脾臓は渋みが強すぎて食べると黒胆汁が生じ、肺のほうが少なくとも消化はしやすい。

またガレノスは、腎臓はとにかく消化が悪いのでとくに好ましくないと考え、胃、子宮、腸もきちんと消化するのにある程度時間がかかるとみなした。肝臓は補助食品であるモツのなかでいちばん栄養価が高いと考えていた。

ほとんどのモツはビタミンとミネラルに富み、腎臓にはとりわけ亜鉛と鉄が豊富に含まれている。心臓にはタウリンが含まれ、そのタウリンは心臓によい。胃袋には善玉菌と、栄養価がとても高いといわれる植物性栄養素が含まれている。胃袋と腎臓はとくに低カロリーかつ低脂肪で、体重に気をつかう人に向いている（その意味では、膵臓は避ける必要がある）。肝臓は完全タンパク質と鉄分の宝庫であり、鉄分は肺から体じゅうに酸素を運ぶヘモグロビンにとって必要不可欠である。鉄分は傷の治癒などにも役立ち、感染への抵抗力を高める。

しかしモツには好ましくない性質もあり、食べすぎるとコレステロールが増え、ひどい場合は動脈を詰まらせる。そのため、われらが同胞のほっそりしたフランス人などは、この王様の料理にすっかり興味をなくしている。貪欲な食通たちにフォアグラが与える影響は、ガチョウへの強制給餌と同じくらい〝健康的〟だからだ。

『時が黒胆汁を追い払う』フランドル、1530年頃、彩色ガラスの丸皿。医師ガレノスの時代から、内臓のなかやそのまわりにある体液が人間の体を司ると考えられていた。農耕の神サトゥルヌスがここでは僧衣をまとった豚の姿をしている。

◉伝統医学

伝統的な漢方医学や多くの東洋医学では、モツは健康と幸福を増進することもあるが、ときに脅かすこともある食べものと見なされている。古代ギリシアやローマにおける考え方と同じだ。現在、欧米には、漢方薬局のような診断と処方を行なう薬局が数多くある。かつてはごく一部の人々が利用していただけだったが、現在は広く一般に受け入れられてきている。漢方医学は、動物の性質はその臓器に宿ると考える道教の教えにもとづいている。たとえばヘビの血は精力と狡猾さをもたらすと考えられ、甘酢をかけた豚足は産後の女性を元気にするといわれている。

民間伝承はもっと単純に、特定の臓器の摂取とそれを摂取する人間の臓器とを関連づけ、たとえば目を食べれば目、子宮を食べれば子宮に効果があるとしている。実際に、14世紀の中国の医者、忽思慧《こつしけい》は、心臓疾患を治療するにはゆでたヒツジの心臓を食べるようにと勧めている。(2) そうした「対応の理論」はユダヤ人の伝統的な食事にも見られる。だがこの理論は、心臓と脳と肝臓には適用されていない。(3)

16世紀の有名な食通の医師、李時珍《りじちん》は、総合的な薬学書『本草綱目《ほんぞうこうもく》』を著したが、これはガレノスのアプローチの影響を受けている。(4) 中国の伝統医学は基本的に非侵襲的［皮膚の切開等の手術を伴わないこと」だが、可能であれば、健康上の問題を穏やかな治療薬で解決する。その薬の多くは植物や薬草によるものだが、場合によっては食事療法の一環として内臓肉を取り入れる。摂取するときは、内臓を乾燥させたり、水薬《すいやく》や丸薬《がんやく》にしたりすることもある。

『本草綱目』は、古代中国の思想にある五味《ごみ》と四気《しき》の概念を念頭に置いて書かれている。五味とは、酸（すっぱい）、苦（にがい）、甘（あまい）、辛（からい）、鹹（しょっぱい）の5つのことで、それぞれの味は五臓を補うとされている。四気とは、寒（かん）、涼（りょう）、温（おん）、熱（ねつ）のことで、食材のもつ性質が身体を温めるものか冷やすものかによって分類され、味以上に重要だと言われている。また、食べものの組み合わせにも重要な意味があるとされている。ウズラの肉と豚の肝臓は、黒頭病になる恐れがあるため決していっしょに食べてはならない。性的能力を高めるためには、雄鶏とアスパラガスでとったスープに黒い雄犬の心臓と肺と肝臓を合わせて摂るべきである。さらに李時珍は、粗末に扱われていた動物の肉を摂取することの効果を調べたり、野生と家畜の肉では薬としての効力に違いがあるかどうかも調査したりしている。

欧米には、昔から伝わるシンプルな療法——うつ病にかかっているならモツは食べないようにと警告する格言など——は残っているものの、漢方医学にあるような、病気を治療する際の健康への心身一体的《ホリスティック》なアプローチは存在しない。もちろん、ジャーヴェイズ・マーカムの『イングランドの主婦』（1615年）に書かれた雄牛の骨髄のレシピのように、健康を増進する料理の例はある。このレシピは「おいしいだけでなく、どんな病気、痛み、静脈からの出血にもきわめて有効」と説明されている。

病気は手術でしか治せないという考え方が、モツを治療に利用するという発想を妨げている場合もある。欧米における手術の近代史を見るかぎり、手術は、戦場で理髪師が外科医を務めた時代からしだいに今日の高度な専門職へと昇格し、現代ではホリスティックな治療よりも一般的だと多くの人は思っているだろう。しかし現代の欧米人はしだいに、古来の民間療法に根差した新たな健康法を取り入れるようになってきた。その証拠に、近年はニューエイジ思想［近代合理主義によらない東洋思想などに影響を受けて精神世界を重視する姿勢］と関連した胎盤食が復活を見せている。これは、胎盤を食べると産後うつの症状がやわらぎ、出産したばかりの母親の栄養にもなるといわれているものだ。だが英国産婦人科学会のブロット博士は、欧米の母親たちはすでに十分良好な栄養状態にあるとコメントしている(5)。

太平洋沿岸地域には、子供と木がともに育つように、胎盤を苗木といっしょに土に埋める文化がある。たしかに、「ある土地に属する」という意味のマオリ族の言葉は、胎盤をあらわす「トゥーランガワエワエ tūrangawaewae」と同じだ。韓国では、胎盤由来の薬剤は顔の色つやをよくするとして人気が高い。そのため多くの病院が、肌のトリートメント用に積極的に胎盤を購入している。

◉モツは危険か

モツはよく細菌と結びつけられるが、たしかにそういう面もある。国際食品微生物規格委員会は、「臓物は生肉《せいにく》よりも初期汚染が強い場合が多く、潜在的病原菌に汚染されている可能性が高い」と指摘している。(6)食物から摂取される金属は動物の肝臓と腎臓にたまりやすい。つまり、肝臓と腎臓は他の部位より高濃度の金属を含んでいる。魚の内臓には、体脂肪や肝臓に蓄積される海や川の汚染物質によって、カドミウムとダイオキシンが含まれていることがある。

モツ料理は生で食されることがあるため、細菌や寄生虫が消費者の体内に入り込む確率が高くなる可能性がある。たとえば消化管は、サルモネラ、クロストリジウム、大腸菌などの微生物のすみかとなることがある。近年、牛海綿状脳症（BSE）や、そのBSEとの関連が取り沙汰されているクロイツフェルト・ヤコブ病を恐れて、牛の脳は欧米のほとんどの肉屋から締め出されている。危険性はごくわずかとはいえ、そうした病気への不安がこうした反応を引き起こしたのだ。全国食肉事業者連合会によると、「主に『何が安全で何が安全でないか』についての正確な知識が不足していることが原因で強い拒否反応が出ている。実際、その点についてはこれまで十分に説明されていない」という(7)。

北極グマなど、ほとんどの極地動物の肝臓には、ビタミンAが非常に豊富に含まれている。これは当の動物にとっては有益なことだが、それを食す人間にとっては命取りとなるほどのビタミンA過剰症を引き起こしかねない。すでに1596年には、ヨーロッパにもどった探検者たちが、北極グマの肝臓を食べたあとに皮膚の剝離や脱毛といった症状をともなう重い病に苦しんだと報告されている。1912年には、オーストラリア南極探検隊に参加したシャヴィエル・メルツが生き残るためにしかたなくハスキー犬の肝臓を食べ、死亡している(8)。一方イヌイットの身体は、高濃度のビタミンAに順応した代謝を行なえるという証拠がある。

危険な食べものを避ける必要を感じていない人たちもいる。日本人はフグの肝《きも》の毒をすり抜けることに喜びを感じる。フグの肝にはテトロドトキシンが含まれ、その毒が身体の麻痺を引き起こし、場合によっては心臓麻痺や窒息につながることもある。16世紀、豊臣秀吉はフグを食べたことで兵士が何人も死んだため、フグ食を禁止している(9)。その後も禁止令は出されつづけたものの、フグはなおも珍重され、1975年に有名な歌舞伎役者の8代目坂東三津五郎が亡くなったあともそれは変わらなかった。現代では多くの自治体が、適切な処理技術をもった料理人だけにフグ調理の免許を与える制度を採用している。フグには「テッポウ」の異名もあるが、これはガン――そう、弾丸で一撃する銃（鉄砲）のことに違いない。

危険だからこそ魅了されるという日本人のフグへの思いは、欧米人が一般に抱くモツの印象を変えるモデルになるかもしれない。モツは今のところ、美食家や料理人のあいだで流行っているにすぎないが、流行がつねにそうであるように、彼らの熱狂ぶりがしだいに多くの人々に浸透していく可能性もあるのではないだろうか。

第7章 ◉ 捨てるなんてもったいない

モツには料理以外の用途もさまざまある。ろうそくの獣脂や石鹸になったり、化学的に使用されたり、薬の原料になったり、古代やニューエイジの医術に使われたりする。イヌイットはアザラシのはらわたを使って下着を作り、北極圏の人々は熊やセイウチやトドの腸で防水スーツを作る。[1] 防水スーツといえば実用的なものをイメージしてしまうが、実際には複雑なひだがキラキラと光を放つ、不思議な美しさがあるものだ。縫い目に草を縫いつけることで、スーツが濡れたときに草がふくらみ、弱点である縫い目も水を通さずにすむ。なかにはカヤック［カヌーのようなボート］の開口部にひもで結べるように裾が広くとられ、雨や荒波のなかでも着ている人が濡れないようにデザインされたものもある。彫刻家のメアリー＝アン・ウェンズリーはこの伝統を活かし、乾燥した豚の腸を使って優美な構造物を作っている。[2]

今日、老化のはじまった肌にはりを取り戻させるコラーゲンなど、美容サプリメントの多くはモツ由来だ。それで思い出すのはBBCのテレビシリーズ『アブソリュートリー・ファビュラス』（1992年）である。ドラマのなかで十代のサフィーは、年増のパッツィーが新しく出た万能美容薬を試しているのを見て軽蔑したようにこう言い放つ。「まるでパンプスを履いたハギスみたい。垂れさがった硬くて古い皮を腐りかけのモツで引っ張りあげちゃって」

2010年にロンドンの帝国戦争博物館で開かれた「食糧省」展で、アイシングラス［魚の浮き袋を原料とする一種のコラーゲン］の溶液で卵を保存するときに使われる、内側にメッシュのワイヤーをわたしたバケツが展示された。第2次世界大戦中であれば、こうした保存卵は粉末卵に代わるものとして歓迎されただろう（水に溶かした溶液が卵をコーティングし、空気が殻を通り抜けるのを防いでくれる）。ただし、この処理を施すと卵の味が落ち、ゆで玉子にはできないほど殻も弱くなってしまう。アイシングラスは以前はワインやビールの清澄剤［溶液中の濁り物質を凝集させて沈殿させる物質］に使われていた。現在も、ハチミツやグリセリンと混ぜると羊皮紙の修復や写本の保存に使われる特殊な糊になるほか、ゼリーやデザート、菓子類、ブラン・マンジェのゲル化剤としても用いられている。もとはロシアチョウザメの浮き袋で作られていたため法外な値段で売られていたが、1795年にタラからの抽出に成功すると、広く使われるようになった。

ニースの胃袋専門店。こうした店の多くは今では廃業している。

古代ローマではヤギの浮き袋がコンドームとして使われ、古代エジプトでは豚やヒツジの腸がこの役目を果たしていたようだ。中国の初期のコンドームはペニスの先端を覆うだけのもので、子ヒツジの腸で作られていた形跡がある。

また、モツは精製して肥料として使われることもあり、その肥料がこんどは土壌を肥やして家畜の糧となる飼料を育て、一巡してさらなるモツを作りだす。

生態系の破壊という重い問題がのしかかり、将来の食糧危機を憂うこの時代、これという理由もないのに、肉を食べる人間がモツをほとんど無視しているのはとても残念なことである。

モツは、伝統的でありながら流行の先端を行く。東洋的でありながら欧米的である。質素でありながら洗練されており、宗教的な意味をもちながら医学的にも重要な意味をもつ。薬でありながら媚薬であり、ときに厄介な観念を生みだすこともある。手ごろに買えて、ヘルシーで、どんな料理にしてもおいしく食べられる。それがモツである。

謝辞

スー・ベスト、サリー・ビョーク、サム・クワシュワン、〈ベレックス〉のゼニア・デューフィールド、ステファニー・ダイアーニ、ルース・デュプレ、ジェレミー・エドワーズ、ピーター・エドワーズ、〈ザ・ヨーロピアン・スーパーマーケット・ウェスト・イーリング〉、スー・フロイド、ブレンダ・ジェントル、〈スウェーデン映画協会〉のヤン・ヨーランソン、〈世界貿易統計〉のジョナサン・ゴイ、アイリーン・ガンストン、ヨレム・ハレストレム、アニッサ・ヘロウ、スーザン・ハンティントン、〈国際食肉貿易協会〉、〈全国食肉食品事業者連合会〉のロジャー・ケルシー、ケイト・ケスリング、マイケル・リーマン、オリヴァー・リーマン、トニー・ラックハースト、ケイト・リンチ、サルマ・マリク、スティーブン・マーティン、トニー・マテリ、ブルース・マッコール、〈ザ・フード・タイムライン〉のリン・オルヴァー、クリス・ピーク、シーラ・パーキンズ、ジェイン・レディッシュ、〈リチャードソンズ・ブッチャーズ・ノースフィールズ〉、〈スコットランド高級畜肉協会〉、アレックス・

ラシュマー、〈レオ・ケーニッヒ社〉のニコール・ルッソ、ゴードン・スローン、ケアリー・スミス、オリーブ・スミス、ジョン・ヴァサロウ、ディック・ヴィジャーズ、〈ウェイトローズ〉およびタラ・オースティン・ウィーヴァーにこの場を借りてお礼を申し上げる。

訳者あとがき

本書『モツの歴史』(*Offal: A Global History*) は、イギリスの Reaktion Books が刊行する The Edible Series の一冊であり、このシリーズは2010年、料理とワインに関する良書を選定するアンドレ・シモン賞の特別賞を受賞している。アンドレ・シモンは飲料と料理の世界的に著名な評論家で、ワインについての豊富な知識を数々の出版物で披露した人物である。

正直なところ、初めてこの本を手に取ったとき頭に浮かんだのは、「モツ? モツだけで本が一冊書ける?」との疑問だ。しかもタイトルには「歴史」とまで謳っている。なんと大胆な著者だろうと思ったことをいまも憶えている。

ところが、一読してみると、みごとに意表を突かれた。訳者の予想に反してこの本は、モツを単なる食材ととらえて料理を紹介する本ではなかったからだ。もちろん、料理はふんだんに紹介されている。しかしまず著者の定義する「モツとは何か」から始まり(一般的なモツの定義とは少し違う)、歴史上、モツが世界のさまざまな文化においてどのように食べられてきたのか、現在ではどう扱われているのか、さらにはシンボル的な意味で小説や映画、芸術作品にどう使われているのか、といくつもの側面からモツを考察している。そしてそこから人身御供や食人の歴史、薬としての効能など、思わぬ広がりを見せ、予想外の切り口でさまざまな世界に連れていってくれる。コンパクトにまとめられているため、すべてのテーマについて詳細な情報が提示されるわけではないものの、ふんだんに使われている図版も手伝って好奇心が刺激され、ネットで見つけたステファニー・ダイアーニの数々の写真に興味津々で見入るなど、思わぬ体験も楽しめた。モツは極上の珍味ともなれば、貧者のお助け食材的な役目も果たし、薬になったり、媚薬になったり、おかしな祭りの〝主役〟にもされる。そんな多面的な顔をもつモツの世界をぜひのぞいてみてほしい。

ところで、本文中でイングランド対スコットランドの〝ハギス論争〟に触れられているが、少し補足が必要かもしれない。日本で通常「イギリス」または「英国」と呼ばれているのは、正式には「グレートブリテン及び北アイルランド連合王国（United Kingdom of Great Britain and Northern Ireland）」のことで、イングランド、スコットランド、ウェールズ、北アイルランドの4つの非独立国から構成されている。日本ではよくいっしょくたにされてしまいがちだが、それぞれに国としての譲れないプライドをもち、国民食のルーツを〝他国〟に奪われるなど言語道断というわけだ。

また本のなかで引用されている『フライボーイズ *Flyboys*』についても少し触れておきたい。この本は、日本では映画『硫黄島からの手紙』『父親たちの星条旗』の原作者で知られるジェイムズ・ブラッドリーのノンフィクションだが、残念ながらまだ邦訳はされていない。「父島事件（小笠原事件）」については戦後の裁判で明らかになった事実であり、事件に関わった6人の将校がのちに死刑となっている。たいへんショッキングな出来事だが、日本人としては記憶にとどめておかなければならないだろう。なお、捕虜となったのは、父島への空爆作戦中に撃墜されてパラシュートで脱出した米兵たちだが、このとき脱出した米兵たちのなかには〝パパ・ブッシュ〟で知られるのちの第41代大統領ジョージ・ブッシュもいた（潜水艦に救出されて難を逃れている）ことはよく知られている。

最後に、本書の翻訳にあたっては的確な助言をくださった原書房編集部の中村剛さん、ならびに株式会社リベルのみなさまにたいへんお世話になった。心より謝意を表したい。

２０１５年12月

露久保由美子

写真ならびに図版への謝辞

図版の提供と掲載を許可してくれた関係者にお礼を申し上げる。

Author's collection: pp. 8, 20-21, 28, 39, 50, 53, 64, 82, 102, 105, 114-115, 137, 155; Shutterstock: pp. 6, 13, 43, 44, 47上, 47下, 49, 56, 67, 68, 74, 84, 87, 88, 104, 122; Michael Leaman: pp. 92-93, 94上, 94下; *Le Boucher* (dir. Claude Chabrol, 1970): p. 100; Stephanie Diani: pp. 109, 110; *Silent Witness* (dir. Noella Smith, 1996): p. 141; British Museum: pp. 10, 24, 60, 79, 145; Victoria & Albert Museum: pp. 16, 127; Ruth Dupre: p. 27; Rex Features: p. 71; Kate Lynch: p. 118; Huntington Archive: p. 132.

参考文献

Albala, Ken, *Food in Early Modern Europe* (Westport, CT, 2003)

Alcock, Joan P., *Food in the Ancient World* (Santa Barbara, CA, 2006)

Allen, Jana and Gin, Margaret, *Offal* (London, 1976)

Apicius, Cookery and Dining in Imperial Rome, trans. Joseph Dommers Vehling [1936] (New York 1977)

Artusi, Pellegrino, *The Science of Cookery and the Art of Eating Well* (Florence, 1891)

Austen Weaver, Tara, *The Butcher and the Vegetarian* (New York, 2010)

Barlow, John, *Everything but the Squeal* (London, 2008)

Beeton, Mrs, *Mrs Beeton's Everyday Cookery* [1861] (London, 1963)

Blechman, Andrew D., 'For German Butchers: A Wurst Case Scenario', *The Smithsonian* (January 2010)

Brothwell, Don R. and Patricia Brothwell, *Food in Antiquity* (Baltimore, MD, 1998)

Brown, Michèle, *Eating Like a King* (London, 2006)

Cannizzaro, Liza, *The Art of Having Guts* (San Francisco, CA, 2007)

Carême, Marie-Antoine, *L'Art de la Cuisine au XIXe Siècle* (Paris, 1833-1837)

Carluccio, Antonio, *Italia: The Recipes and Customs of the Regions* (London, 2007)

Chittenden, Hiram Martin, *The American Fur Trade of the Far West* [1935] (Nebraska, NE, 1986)

Cooper, John, *Eat and Be Satisfied: A Social History of Jewish Food* (Lanham, MD, 1993)

Corbier, Mireille, 'The Broad Bean and the Moray: Social Hierachies and Food in Rome', in *Food: A Culinary History*, ed. Jean-Louis Flandrin and Massimo Montanari, trans. Albert Sonnenfeld (New York, 1999)

Dalby, Andrew, *Food in the Ancient World from A-Z* (London, 2003)

Davidson, Alan, *The Oxford Companion to Food* (Oxford, 1999)

Douglas, Mary, *Purity and Danger* (London, 1966) [メアリ・ダグラス『汚穢と禁忌』塚本利明訳，筑摩書房，2009年]

Douglas, Norman (Pilaff Bey), *Venus in the Kitchen* (Kingswood, Surrey, 1952) [ノーマン・ダグラス『台所のヴィーナス——愛の女神の料理読本』中西善弘訳，鳥影社・ロゴス，2007年]

Dowell, Philip and Bailey, Adrian, *The Book of Ingredients* (London, 1980)
Dumas, Alexandre, *Grand Dictionnaire de Cuisine* (Paris, 1873) [アレクサンドル・デュマ『デュマの大料理事典』辻静雄・林田遼右・坂東三郎編訳，岩波書店，2002年]
Du Cann, Charlotte, *Offal and the New Brutalism* (London, 1985)
Dunlop, Fuchsia, *Shark's Fin and Sichuan Pepper* (London, 2008)
Emin-Tunc, Tanfer, 'Black and White Breakfast', *Bright Lights Film Journal*, 38 (2002)
Fearnley-Whittingstall, Hugh, *The River Cottage Meat Book* (London, 2004)
Fernández-Armesto, Felipe, *Food: A History* (London, 2001)
Fiddes, Nick, 'Social Aspects of Meat Eating', *Proceedings of the Nutrition Society*, 53 (1994), pp. 271-280
Fitzgibbon, Theodora, *The Food of the Western World* (London, 1976)
Freedman, Paul H., *Food: The History of Taste* (Berkeley, CA, 2007)
——, *Out of the East: Spices and the Medieval Imagination* (New Haven, CT, 2009)
Grant, Mark, *Galen on Food and Diet* (London, 2000)
Halicí, Nevin, *Nevin Halicí's Turkish Cookbook* (London, 1993)
Haroutunian, Arto der, *North African Cookery* (London, 1985)
Heath, Ambrose, *Meat* (London, 1971)
Helou, Anissa, *The Fifth Quarter: An Offal Cookbook* (London, 2004)
Henderson, Fergus, with an introduction by Anthony Bourdain, *The Whole Beast: Nose to Tail Eating* (London, 2004)
Hieatt, Constance B., and Sharon Butler, *Pleyn Delit* (Toronto, 1976)
Hooda, Fateema, *Khoja Khana* (New Delhi, 2002)
Hooker, Richard J., *Food and Drink in America* (Indianapolis, IN, 1981)
Karamanides, Dimitra, *Pythagoras* (New York, 2006)
Keijzer Brackman, Agnes de, and Cathy Brackman, *Cook Indonesian* (Singapore, 2005)
Keller, Thomas, *The French Laundry Cookbook* (London, 1999)
Khonkhai, Khammaan, trans. Gehan Wijeyewardene, *The Teachers of Mad Dog Swamp* [1978] (Chiang Mai, 1992)
King, J.C.H., Birgit Pautsztat and Robert Storrie, *Arctic Clothing* (Montreal, 2005)
Kitchiner, William, *Apicius Redivivus* (London, 1817)
Kritzman, Lawrence D., *Food: A Culinary History* (New York, 1996)
Larousse Gastronomique (New York, 2001) [『新ラルース料理大事典』辻調理師専門学校・辻静雄料理教育研究所訳，同朋舎，1999年]

Lo, Vivienne, 'Pleasure, Prohibition and Pain: Food and Medicine in Traditional China', in *Tripod and Palate*, ed. Roel Sterckx (New York, 2005)
Luard, Elisabeth, *The Latin American Kitchen* (London, 2002)
McLagan, Jennifer, *Odd Bits: How to Cook the Rest of the Animal* (New York, 2011)
——, *How to Cook the Rest of the Animal* (London, 2011)
McNamee, Gregory, *Moveable Feasts: The History, Science, and the Lore of Food* (Westport, CT, 2007)
Mallos, Tess, *The Complete Middle East Cookbook* (London, 1995)
Markham, Gervase, *The English Hus-wife* (1615)
Marks, Gil, *The Encyclopedia of Jewish Food* (Princeton, NJ, 2010)
Mennell, Stephen, *All Manners of Food: Eating and Taste in England and France from the Middle Ages to the Present* [1985] (Chicago, IL, 1996)
Michalik, Eva, *The Food and Cooking of Poland* (London, 2008)
Miller, Jonathan, *The Body in Question* [1980] (London, 2000)
Miller, William Ian, *The Anatomy of Disgust* (Cambridge, MA, 1997)
Parker-Bowles, Tom, *The Year of Living Dangerously* (London, 2008)
Patten, Marguerite, *Post-war Kitchen* (London, 1998)
Phillips, Denise, *New Flavours of the Jewish Table* (London, 2008)
Philpott, T., 'Flesh and Bone', *Gastronomica*, VII/2 (2007)
Platina, Bartholomaeus de, *Concerning Honest Pleasures and Physical Well-being* (1474)
Polo, Marco, and Henry Yule, trans. and ed., *The Book of Ser Marco Polo, the Venetian: Concerning the Kingdoms and the Marvels of the East* (Cambridge, 1999) [マルコ・ポーロ『マルコ・ポーロ旅行記』青木富太郎訳，河出書房，1954年]
Powell, Julie, *Cleaving* (London, 2009)
Rögnvaldardóttir, Nanna, *Icelandic Food and Cookery*, (New York, 2002)
Root, Waverley, *The Food of France* [1958] (London, 1983)
Schwabe, Calvin W., *Unmentionable Cuisine* (Charlottesville, VA, 1979)
Scruton, Roger, 'Eating the World' (2003), at www.opendemocracy. net, last accessed 1 May 2012
Searles, Edmund, 'Food and the Making of Modern Inuit Identities', *Food and Foodways: History and Culture of Human Nourishment*, 10 (2002)
Smith, Eliza, *The Compleat Housewife* (London, 1727)
Strong, Jeremy, 'The Modern Offal Eaters', *Gastronomica*, VI/2 (2006)
Thayer, Bill, ed., *Historia Augusta* [1924], available online at www.penelope.uchicago.

edu, last accessed 1 May 2012
Toussaint-Samat, Maguelonne, *History of Food*, trans. Anthea Bell (London, 1987)
Tsuji, Shizuo, and M.F.K. Fisher, *Japanese Cooking: A Simple Art* (New York, 1998)
Ubaldi, Jack, and Elizabeth Crossman, *Jack Ubaldi's Meat Book* (New York, 1991)
Van Esterik, *Food Culture in Southeast Asia* (London, 2008)
Weaver, Tara Austen, *The Butcher and the Vegetarian* (New York, 2010)
Wheeler, Douglas L., *Historical Dictionary of Portugal* (Lanham, MD, 1994)

注

邦訳書籍の書誌情報は訳者が調査した。

序章　初めにモツありき

(1) Joan Alcock, *Food in the Ancient World* (Westport CT, 2006), p. 65.

(2) Maguelonne Toussaint-Samat, *A History of Food* (Oxford, 1987), p. 424. [マグロンヌ・トゥーサン＝サマ『世界食物百科――起源・歴史・文化・料理・シンボル』玉村豊男訳，原書房，1998年]

(3) Plutarch, *Life of Lycurgus*, 2:2.

(4) たとえばアリストパネスの『鳥』では，プロメテウスが「もしここにいるのを天のゼウスに見られたら，私は身の破滅（dead liver）だ［dead liverは「機能しない肝臓」の意］」と叫ぶ。トラキア人たちは「愛するモツ」を再び運び込めるように城門を開かなければ，ゼウス目がけて進撃すると脅しをかける（第2幕)。

(5) Athanaeus in *Deipnosophistae*, cited in Toussaint-Samat, *History of Food*, p. 425. [トゥーサン＝サマ『世界食物百科――起源・歴史・文化・料理・シンボル』で引用されているアテナイオス『食卓の賢人たち』柳沼重剛訳，京都大学学術出版会，1997年他]

(6) In Cato's *De Agri Cultura*, 89.

(7) Pliny the Elder, *De Natura Rerum*, Book 10. 26.

(8) Alan Davidson, *The Oxford Companion to Food* (Oxford, 1999), p. 84.

(9) Cited in Andrew Dalby, *Food in the Ancient World from A-Z* (London, 2003), p. 208: Homer, *Iliad* 22.501, *Odyssey* 9.293.

(10) Dimitra Karamanides, *Pythagoras* (New York,2006), p. 5.

(11) *Food: A Culinary History* (New York, 1996) のなかで著者 Lawrence D. Kritzman は，フラミンゴの舌の流行を槍玉に挙げたセネカの批判を引用している。

(12) Isidore of Seville, *Etymologies* 20:5-7.

(13) アテナイオスは『食卓の賢人たち』第3巻で食通カリメドンについて書いている。食通との呼び名は，カリメドンが胃袋料理にザリガニさながらに飛びついたことによる。そんな彼の守備範囲の広さをディオクシポス

があざ笑う。「なんて料理を食べたがるんだ！　まったく洗練されたものよ！　膵臓やら，胃やら，腸やらと！」

（14） *Mireille Corbier, 'The Broad Bean and the Moray: Social Hierachies and Food in Rome', in Food: A Culinary History*, ed. Jean-Louis Flandrin and Massimo Montanari, trans. Albert Sonnenfeld (New York, 1999). アンドリュー・ドルビーは，流産した豚の子宮というさらにランクが上の珍味について古代ギリシアの著述家プルタルコスに言及しているが，一番やわらかい段階で肉を味わうため，妊娠中の豚に飛び乗って流産をさせるその手法は，乳房にも効果を発揮した（*Food in the Ancient World*, p. 360）。

第1章　モツとは何か

（1） 少なくとも *The New Oxford American Dictionary* では，食用としての定義を先に挙げている。「食用動物のくず肉，内臓のこと：くず，または廃棄物。動物の腐肉。語源：後期中英語（「処理過程で出た廃物」という意味）。おそらく中期オランダ語の afval，すなわち "off" の af と "to fall" の vallen がもとになっている」

（2） バース・チャップ，または単にチャップは，豚の頬の下部および顎肉の骨を取って円錐形を縦に切ったような形にし，塩味を付けてスモークしたもので，パン粉をまぶすこともある。chap［チャップ］は chop［チョップ：顎・頬］の異形。「Bath（バース）」はおそらく地名のひとつ。この肉の切り方がイギリス南部のその地方で始まったことによるもので，チャップはもともとグロスターシャー・オールド・スポット種の豚で作られていた。ハスレットは，1755年にイギリスの作家で辞書編集者のジョンソン博士により，「豚の心臓，肝臓，肺および，気管とその部分の喉」と定義されている。アラン・デイヴィッドソンは *Oxford Companion to Food* (Oxford, 1999) のなかで現在のハスレットを，細かくきざんだモツの料理で，ミートローフにして腎臓の脂肪（flead）や大網膜で覆ったものであると説明している。チャインは動物の背骨まわりの肉で，語源は14世紀のフランス語「eschine」。

（3） 一方，古代ギリシアの悲劇作家ソポクレスは，脳の詩的な婉曲表現に「白い髄」を使っている。「トラキスの女たち」でヘラクレスがリカスを海に投げ込み，その脳を水面にまき散らす場面がある。「頭を真っ二つに割られて血が前にほとばしると，リカスの髪から白い髄がこぼれ出た」

（4） *Shark's Fin and Sichuan Pepper: A Sweet-Sour Memoir of Eating in China* (London,

2008）のなかでフューシャ・ダンロップは，「胃の奥の奥では，私は依然として観察者だった」と認めている（p.135）。

（5） Douglas Houston's poem 'With the Offal Eaters' in the collection of the same name (London, 1986).

（6） タラ・オースティン・ウィーヴァーが最近知らせてくれたところでは，彼女は子供の頃からベジタリアンだったが，甲状腺機能亢進症の治療のため，にわかに肉食に切り替えたという。著者への電子メール（2010年2月2日）より。

（7） Jonathan Miller, *The Body in Question* (London, 1980) , p. 24.

（8） Mary Douglas, Annua*l Report of the Russell Sage Foundation* (1978), p. 59.

（9） Elizabeth David, *A Book of Mediterranean Food* (1950).

（10） Miller, *The Body in Question*, p. 24.

（11） Fergus Henderson, *Nose to Tail Eating* (London, 1999), p. 62.

第2章　伝統食としてのモツ

（1） アメリカの農務省が香港を含む中国への2001年のモツの輸出を調べたところ，赤肉［牛肉・ヒツジ肉など］の臓物が5900万ドル相当，家禽の足（蹴爪〈けづめ〉をのぞいたもの）が1億3500万ドル相当，家禽の臓物が4100万ドル相当で，こうした数字は2011年まで着実に増加している。2008年以降は，中国への輸出は対メキシコにも肩を並べ，2010年には，アメリカで生産される豚のバラエティミート全体の32パーセントが中国へ輸出された。ただし肝臓の主な輸出先は今なおロシアである（Global Trade Information Service, 2011）。

（2） Marco Polo, and Henry Yule, trans. and ed., *The Book of Ser Marco Polo, the Venetian: Concerning the Kingdoms and the Marvels of the East*, Book 2, p. 40.［『マルコ・ポーロ旅行記』青木富太郎訳，河出書房，1954年］

（3） Gillian Kendall, *Mr Ding's Chicken Feet* (Madison, WI, 2006), p. 116.

（4） Fuchsia Dunlop, *Shark's Fin and Sichuan Pepper: A Sweet-Sour Memoir of Eating in China* (London, 2008), p. 58.

（5） Shizuo Tsuji and M.F.K. Fisher, *Japanese Cooking: A Simple Art* (1998), p. 259.

（6） Penny Van Esterik, *Food Culture in Southeast Asia* (London, 2008), p. 25.

（7） フードライターのトム・パーカー・ボウルズは，興味をそそられる食べものを求めてラオスを旅していた際に，自分が食べているもののにおいが重要な要素であることに気づいた。

(8) Khammaan Khonkhai, trans. Gehan Wijeyewardene, *The Teachers of Mad Dog Swamp* [1978] (Chiang Mai,1992).
(9) Maxime Rodinson et al., *Medieval Arab Cookery*, trans. Charles Perry (Totnes, 2001), p. 373.
(10) Anissa Helou, *The Fifth Quarter: An Offal Cookbook* (London, 2004), p. 8; およびアニッサ・ヘロウから著者への電子メール（2011年4月14日）より。
(11) Alan Davidson, *The Oxford Companion to Food* (Oxford, 1999), p. 808. 中のネヴィン・ハリジの言葉（1989年)。
(12) Tess Mallos, *The Complete Middle East Cookbook* (London,1995), p. 105.
(13) コラムニストのアブデルモネム・サイードは，エジプト紙『アルアハラム』週刊版963号（2009年9月3日～9日）の 'Wasting Ramadan' のなかで，エジプトでは貧困層でさえ，ラマダン期間に通常の50～100パーセントも食費に多くお金をかける風潮があることを示す政府発表の数字に言及している。
(14) Arto der Haroutunian, *North African Cookery* (London,2009), p. 183.
(15) Sofia Larrinúa-Craxton, *The Mexican Mama's Kitchen* (London, 2005).
(16) Elisabeth Luard, *The Latin American Kitchen* (London, 2002).

第3章　欧米のモツ料理

(1) Richard J. Hooker, *Food and Drink in America* (Indianapolis, IN, 1981), p. 56.
(2) Hiram Chittenden, *The American Fur Trade of the Far West* (Lincoln, NE, 1986), vol. II, p. 805.
(3) Hooker, *Food and Drink in America*, p. 183.
(4) アメリカで最初の睾丸祭りは1982年にモンタナで開催された。当初は300人の参加だったが，2010年に1万5000人が参加する頃になると，観光客を呼び込むような存在になった――スコットランドのハギス［モツの胃袋詰め］祭りやフランスのアンドゥイエット［モツの腸詰め］祭りに似ている。
(5) クレア・アンズベリー記者による 'Cue the Music! Liver Lovers Shiver at the Dish's Decline,' 2011年4月14日付け『ウォールストリート・ジャーナル』。
(6) Sally Falon, 'Australian Aborigines: Living Off the Fat of the Land', *Nourished Magazine* (December 2008) は，最初にモツを食べていたのは先に悪くなるからにすぎないのではないかと，別の可能性を指摘している。
(7) 歯科医で栄養学者のウェストン・プライスが1930年代に行なった民族学

的な旅は，オーストラリア先住民が高脂肪の臓物の必要性に気づいていたという考えを裏づけている。

(8) Sarah Josepha Hale, *The Ladies' New Book of Cookery* (1852), p. 14.

(9) Kenneth James, *Escoffier: The King of Chefs* (London, 2006), p. 57. に引用された『*The Pall Mall Gazette*』紙の記事。

(10) Waverley Root, *The Food of France* (London, 1983).

(11) Alan Davidson, *The Oxford Companion to Food* (Oxford, 1999), p. 261.

(12) John Cooper, *Eat and Be Satisfied: A Social History of Jewish Food* (Lanham, MD, 1993), p. 422.

(13) Gil Marks, *The Encyclopedia of Jewish Food* (Princeton, NJ, 2010), p. 601.

(14) Cooper, *Eat and Be Satisfied*, p. 192.

(15) Michèle Brown, *Eating Like a King* (London,2006).

(16) William Cobbett, *Rural Rides* (London, 1830), 1826年10月2日月曜日のハンプシャー州バークレアへの記入。

(17) William Cobbett, 'Not by Bullets and Bayonets', *Cobbett's Writings on the Irish Question* (London, 1795-1835).

(18) Sarah Winman, 'A Lesson in Tripe', *Spitalfields Life*, 1 March 2011.

(19) Mrs Beeton, *Everyday Cookery* (London, 1861), p. 178.

(20) Marguerite Patten, *Post War Kitchen* (London,1998).

(21) Marco Polo, and Henry Yule, trans. and ed., *The Book of Ser Marco Polo, the Venetian: Concerning the Kingdoms and the Marvels of the East* (Cambridge, 1999), p. 231. [『マルコ・ポーロ旅行記』青木富太郎訳，河出書房，1954年]

(22) もともとは中世の祝宴であり，ソーラブロートの祝いはいったんは廃れていたが，1950年代後半に，レイキャビクにある伝統料理の専門レストランが復活させた。

(23) アーナルデュル・インドリダソンの『湿地』[柳沢由実子訳。東京創元社]が映画化された『Jar City』[バルタザール・コルマウクル監督，2006年。日本未公開]のワンシーンで，エーレンデュル刑事が自宅のキッチンテーブルにつき，無言でヒツジの頭のピクルスを食べている姿を見ることができる。

(24) *Gestgjafinn*, 'Feast Days and Food Days', at www.gestgjafinn.is/english/nr/352. [2015年11月現在リンク切れ]

(25) Sharon Hudgins, *The Other Side of Russia: A Slice of Life in Siberia and the Russian Far East* (College Station, TX, 2003), p. 138.

(26) Thomas Keller, *The French Laundry Cookbook* (London, 1999).

第4章　モツの男性的イメージ

(1) Charlotte Du Cann は *Offal and the New Brutalism* (London, 1985) のなかで1980年代の騒々しいイギリス的男らしさの文化について調べている。
(2) Barbara Pym, *Jane and Prudence* (London,1953), p. 21. 男には肉が必要だという考えはピムの小説で繰り返し使われる隠喩。
(3) Julie Powell, *Cleaving* (New York, 2009), p. 64, in a recipe for blood sausage.
(4) Stephanie Diani, *Offal Taste* photo series at www.eatmedaily.com, April 2009.
(5) *The Cambridge Companion to Thomas Hardy* (Cambridge, 1999), ed. Kramer, の 'Hardy and Readers: *Jude the Obscure*' のなかで Dale Kramer は，ハーディがこの小説を1895年に『ハーパーズ・マガジン』で連載していたとき，検閲を受けたことに触れている。その際，ハーディは，豚を殺すシーンを「大幅に減らしているが，それは明らかに，欧米の大牧場で動物虐待が行なわれているとの報道を受け，当時のアメリカの読者が腹を立てていたため」という (pp. 166-167)。これは19世紀後半の社会が屠畜の野蛮な事実に対して，そしてとりわけ臓物に対して過敏だった証拠と見てとれるかもしれない。
(6) Diane Cardwell, 'A Dining Club for Those With Adventurous Stomachs', *New York Times*, 8 July 2010.
(7) Giles Coren, 'Cay Tre: Chicken Gizzard and Muop is a Hell of a Name, but English People Don't Like Eating Gizzards', *The Times*, 29 September 2007.
(8) Clarissa Dickson Wright, *The Haggis: A Short History* (Belfast, 1998).
(9) 'The Horace Poem', in *Monty Python's Big Red Book* (London, 1980).
(10) James Meikle, 'Hands Off Our Haggis, Say Scots After English Claim', *Guardian*, 3 August 2009.
(11) Alexander McCall Smith, 'Keep Your Hands Off Our Haggis', *New York Times*, 6 August 2009.

第5章　儀式のなかのモツ

(1) 2008年，真実和解委員会。
(2) Ed Vulliamy, 'Srebreni ´ ca: Genocide and Memory', *Open Democracy*, 9 June 2012.
(3) Claude Lévi-Strauss, *The Raw and the Cooked* (London, 1986), pp. 241-244.

(4) James Bradley, *Flyboys* (New York, 2007), pp. 519-520.

(5) Alan Davidson, *The Oxford Companion to Food* (Oxford, 1999), p. 83, によると，ベルベル人やモンゴル人などの遊牧民にとっては，血は手に入る再生可能な資源だったため，血の抜き取りが伝統的に行なわれているという。「マサイ族は牛の首の血管に至近距離から矢を放って血を手に入れるが，傷口はやがてふさがる」とは，大英博物館のニール・マクレガーがホストを務めるBBCのラジオ番組『100のモノが語る世界の歴史 *A History of the World in 100 Objects*』の2010年1月4日放送回から，マーティン・ジョーンズの談。

(6) フリーペーパー *Edible East Bay* (Spring 2011) の Sage Dilts, 'Eating Offal' に引用された Malcolm Margolin, 'The Ohlone Way: Indian Life in the San Francisco Bay Area'.［マルコム・マーゴリン『オローニの日々――サンフランシスコ先住民のくらしと足跡』冨岡多恵子訳，人間家族編集室：スタジオ・リーフ，2003年］

(7) Inga Clendinnen, *Aztecs: An Interpretation* (Cambridge, 1991) によると，1840年代初めにキリスト教伝道師のW・H・プレスコットがこの儀式を嫌悪すると書いている。プレスコットの嫌悪の理由は殺害そのものにあるのではなく，その後の宴の不適切さ，「飢えて人の肉を食らうという粗野な食事ではないことにあった……。まさか，片や洗練，片や蛮行の極みがそこまで接近していたはずはないのでは」と著者の Clendinnen はプレスコットの解釈を疑問視している。

(8) ユナニ医学またはユナニ・ティブは，文字通り「ギリシア医学」と訳すことができる。この医学はヒポクラテスやガレノスの教えにもとづき，イスラム世界でさらに進化していった。

(9) Ambrose Bierce, *The Devil's Dictionary* (London, 1911).［アンブローズ・ビアス『悪魔の辞典』奥田俊介・倉本護・猪狩博訳，角川書店，1975年。他］

(10) John Platt, 'South African Gamblers Smoke Endangered Vulture Brains for Luck', *Scientific American*, 10 June 2010.

(11) Norman Lewis, *Naples '44* (London, 1978).

第6章　薬としてのモツ

(1) Mark Grant, *Galen on Food and Diet* (London, 2000), p. 160-162.

(2) Vivienne Lo, 'Pleasure, Prohibition and Pain: Food and Medicine in Traditional China', in *Tripod and Palate*, ed. Roel Sterckx (New York, 2005), p. 174, cites

Hu Sihui's *Propriety and Essentials in Eating and Drinking*, completed in 1330.

(3) John Cooper, *Eat and Be Satisfied: A Social History of Jewish Food* (Lanham, MD, 1993).「動物のさまざまな部分を食べると人間の体の同じ部分が強化されるが，心臓と脳と肝臓は例外だった」(p. 127)。

(4) 李時珍の『本草綱目』は1578年に完成し，漢方医学の薬剤について処方や図説もまじえて当時最大の規模で網羅している。また，目的と用途に応じて最も良質な動物をどこで見つけるべきかを助言し，動物の臓物ごとの医療効果を伝えている。

(5) 'Why Eat a Placenta?', *BBC News Magazine*, 18 April 2006.

(6) International Commission on Microbiological Specifications for Foods, ed., *Microbial Ecology of Food Commodities* (New York, 2005).

(7) 全国食肉事業者連合会の会長，ロジャー・ケルシーから著者への電子メール（2011年3月3日）より。

(8) Anil Aggrawal, 'Death By Vitamin A', in *The Poison Sleuths*, October 1999.

(9) Norimitsu Onishi, 'If the Fish Liver Can't Kill, Is it Really a Delicacy?', *New York Times*, 4 May 2008.

第7章　捨てるなんてもったいない

(1) J.C.H. King, Birgit Pautsztat and Robert Storrie, *Arctic Clothing* (Montreal, 2005).

(2) メアリー＝アン・ウェンズリーの2009年の作品 *Inescapable Shelter* は，半透明なミツバチの巣箱にも似た納屋サイズの構造物で，製作には豚の腸で作った2700個のレンガを要した。

レシピ集

◉臓物

サミュエル・ペグ著『中世イギリスの料理帳 *The Forme of Cury*』（1390年）より

1. 鹿その他の動物の臓物を湯がき，さいの目に切る。
2. 煮汁にバターを加える。
3. 2にパンを加えて，つぶしながらよくかき混ぜる。
4. たっぷりのビネガーとワインを加えて混ぜる。
5. タマネギを湯通ししてから，みじん切りにして加える。
6. 血で煮汁に色をつける。
7. 強力粉を加えてよくかき混ぜ，塩で味を調える。よくゆでてから食卓に出す。

◉子牛の胃袋「シャルピィ」

『タイユヴァンのヴィアンディエ *The Viandier of Taillevent*』（1395年頃）より

1. 子ヒツジの胃袋をよく湯がいてから，ごく小さく切ってラードで炒める。
2. ショウガとサフランをつぶして1に加える。
3. 卵を溶き，炒めた胃袋に少しずつかけていく。
4. スパイスをつぶして粉状にし，3にふりかける。ただしスパイスを入れたくない場合は，青いヴェルジュース（酸味のあるブドウソース）を添える。

◉ブラン・マンジェ（ヘッドチーズ）

16世紀半ばのキャサリン・フランシス・フレール編『正しい新料理読本 *A Proper newe Booke of Cokerye*』（ケンブリッジ，1913年）より

1. 去勢鶏の肉を鍋に入れ，肉が骨からはずれるまでよくゆでる。
2. きれいな布で肉の水気をしっかりふきとる。
3. チャードの葉2枚をできるだけ細かく切る。
4. 牛乳2リットル，クリーム2リットル，ライ麦粉200gとともにすべての材料を鍋に入れて混ぜ，火にかける。
5. 沸騰してきたら，砂糖200gと小皿になみなみ1杯分のローズ水を加え，しっかりととろみがつくまで煮る。
6. 5を大皿に移して冷ましてから，好みでスライスして食卓に出す。

◉ブラッド・プディング（血のソーセー

ジ)

『たしなみある女性が楽しむ保存，医薬，身だしなみ，料理 *The Acomplish'd Lady's Delight in Preserving, Physick, Beautifying and Cookery*』(1675年) より

1. ヒツジの血1リットル，クリーム1リットル，卵10個を用意する。
2. 全卵を溶き，血とクリームを加えてよく混ぜ，すりつぶしたパンと叩いて細かくしたオート麦をそれぞれたっぷり，細かくした牛脂，骨髄の小さなかたまりでとろみをつける。
3. 2に少々のナツメグ，クローヴ，メース，塩を加える。
4. マージョラム，タイム，ペニーロイヤル少量を細かく切り，他の材料と合わせる。ここで穀粒少々を入れてもよい。
5. きれいにした腸に4を詰め，慎重にゆでる。

....

●骨髄プディング

ジョン・ノット著『料理人と菓子職人のための辞典 *The Cooks and Confectioners Dictionary*』(1723年) より

1. フレンチロール (パン) 2個をスライスし，きめの粗いビスケット100gを用意する。
2. 牛乳1リットルを人肌ぐらいまで温めたらパンとビスケットを加え，冷めるまでふたをして浸けておく。冷めたら中身を水きりボウルに入れ，こすするようにして裏ごしする。
3. 骨髄200g強を細かくきざみ，よく混ぜて裏ごししておいた卵3個を加える。
4. 材料をすべて合わせ，砂糖，少量の塩，スプーン1杯か2杯のローズ水，ナツメグ少々，たたいて砕いたアーモンド60gを加えてよく混ぜる。
5. 4を腸に詰めて口をしばる。その際，中身を詰めすぎないように気をつける。
6. 5を返しながら25分間ゆでたら，水きりボウルにあけて冷ます。

調理に使うときには，バターの小片とともに鍋に入れて黄金色になるまで炒めるか，かまどの入り口付近に置いて熱を入れる。この料理はコースの一品目としてゆでプディングやチキンのフリカッセに添えて出すのに適しているが，小皿に盛ってコースの二品目として出してもよい。

....

●バッタリア・パイ

スザンナ・カーター著『倹約家の主婦の書 *The Frugal Housewife*』(1772年) より。「バッタリア」または「バタリア」はフランス語の「ベアティーユ」，ラテン語の「ベアティッラエ」に由来し，小さな縁起のいいものを意味する

1. ヒヨコ，鳩のひな，まだ乳離れしていないウサギ各4羽の肉を細かく

きざみ，香りのいいスパイスで味付けをする。

2. 1の肉，子牛か子ヒツジの胸腺4つをスライスしたもの，ヒツジの舌4枚，砕いて粉状にした口蓋4つ，子ヒツジの睾丸4つ，トサカ20～30個，風味をつけた睾丸と牡蠣をすべてパイで包む。バターをのせて焼けば，肉汁があふれ出す。[同様のレシピには，ヒツジに加えて鶏の睾丸が使われているものもあるため，ここで「風味をつけた睾丸」とあるのは，ヒツジとは別にこの「鶏の睾丸」を指している可能性も考えられる]

……………………………………

●子ヒツジの睾丸と胸腺のフリカッセ

ハナ・グラス著『単純で簡単な料理の技術 *The Art of Cookery Made Plain and Easy*』（1774年）より

1. 子ヒツジの睾丸を湯がいてから，ゆでてスライスする。
2. 胸腺ふたつか3つに粉をまぶす。厚すぎる場合は半分に切る。
3. 2の胸腺と固ゆでにした玉子の卵黄6つ，ピスタチオ2～3個，大きめの牡蠣2～3個をキツネ色になるまでバターで炒める。
4. バターを捨て，グレーヴィー600*ml*，1の睾丸，アスパラガスの穂先2センチほどを数本，すりつぶしたナツメグ，塩コショウ少々，細かくきざんだエシャロット2本分，グラス1杯の白ワインを加え，10分煮る。
5. よく溶いた卵黄6個と少量の白ワイン，つぶしたメース少々を加えてかき混ぜ，しっかりととろみがついたら完成。皿に盛って，レモンを添える。

……………………………………

●子ヒツジの頭と臓物

ウィリアム・キッチナー著『よみがえったアピキウス *Apicius Redivivus*』（1817年）より

1. 子ヒツジの頭をきれいに洗い，1時間半ゆでる。
2. 湯からあげたら，よく溶いた卵を刷毛で塗り，塩コショウ少々と細かいパン粉をまぶす。
3. 皿にのせて炉火の前に置くかダッチオーブンに入れ，キツネ色に焦げ目をつける。乾燥してきたら刷毛で溶かしバターを塗る。
4. 心臓，肝臓，舌を細かくミンチにし，頭のゆで汁少量とバター30*g*とともに煮込み鍋に入れ，小麦粉大さじ1，塩コショウ少々とよく混ぜてから，弱火で10分煮る。
5. 皿にレモン½個の果汁をしぼって4を盛り，上に3の頭をのせる。付け合わせにベーコンのスライスを添える。

……………………………………

●豚足

『ビートン夫人の家政読本 *Mrs Beeton's Book of Household Management*』（ロンドン，1861年）より

薄切りベーコン…1枚
タマネギ…1個
メース…1枚
コショウの実…6個
タイム…3本か4本
グレーヴィー…600*ml*
味付け用の塩コショウ
とろみ付け用のバターと小麦粉

1. 豚の肝臓，心臓，足を，ベーコン，メース，コショウの実，タイム，タマネギ，グレーヴィーとともに煮込み鍋に入れ，弱火でコトコト煮る。
2. 25分たったら心臓と肝臓を取り出し，細かくミンチにする。
3. 足はやわらかくなるまでさらに煮る。最初に煮たってから20～30分ほどが目安。
4. 2を鍋にもどし，グレーヴィーに少量のバターと小麦粉でとろみをつけ，塩コショウで味付けをして，ときどきかき混ぜながら弱火で5分煮る。
5. ミンチを皿に盛り，豚足を割いてのせ，真ん中にグレーヴィーをかける。

◉七面鳥のジブレッツとカブ

アレクサンドル・デュマ著『デュマの大料理事典』（パリ，1871年）〔辻静雄・林田遼右・坂東三郎編訳，岩波書店〕のマルキ・ド・クルシャンの逸話より

1. 七面鳥の手羽，砂肝，足，首から余分なものを取りのぞく。頭は捨てる。
2. 大きな鍋に入れ，小麦粉を練り込んだ上質のバターとともに7～8分ソテーする。
3. 温めておいたスープ種を加えるが，ルーに溶かすのを急ぎすぎないように注意する。
4. さらにブーケガルニ（パセリ，タイム，ローリエ，バジル，セージ）と，クローヴを刺したタマネギ2個を加えて25分煮てから，フレヌーズ・カブ6個，ニンジンの大きめのスライス4枚，紫ポテト6個，キクイモ，セロリまるごと1本も加える。野菜はころがさず，少し動かすだけにする。さもないとこの料理のブルジョア的シンプルさと自然な優雅さが失われてしまう。
5. 1時間半ほどコトコト煮込んだあと，浮いている脂をきれいにすくい取る。
6. ジブレッツを中心にして野菜を盛りつけ，手羽を上座にすえる。ソースのなめらかさが保たれるように，ポテトは裏ごしする。

◉豚のハスレット

『A・B・マーシャル夫人の料理読本 *Mrs A. B. Marshall's Cookery Book*』（1888年）

より

1. 豚の肝臓，胸腺，脂肪，肉の小片を洗って水気をとり，肉は麺棒でたたいてやわらかくする。
2. 1に塩，コショウ，セージ，タマネギのみじん切り少々をなじませる。
3. 2を大網膜で包み，針と糸を使ってしっかり口を閉じたら，焼き串回転機かひもで吊るしてローストする。またはスライスしてパセリと炒めてもよい。
4. ポートワイン，水，マスタードを煮たたせたソースとともに盛りつける。

・・・・・・・・・・・・・・・・・・・・・・・・・・・・・・・・・

●オックステールのオッシュポ

プロスペール・モンタニェ著『ラルース料理百科事典』（1900年）［三洋出版貿易］より

1. オックステール（牛の尾）を均一な大きさになるようにぶつ切りにする。皮は剥いでも剥がなくてもよい。
2. 1とともに，生の豚足2本（それぞれ4つか5つに切る），生の豚の耳ひとつ（まるごと）をスープ鍋に入れ，かぶるくらいの水を加えて沸騰させる。アクをとり，そのまま弱火で2時間煮込む。
3. 小さめのキャベツ1個を4つに切って熱湯で湯がく。カブ2個は4等分か大きさがそろうように切る。ニンジン3本，小さめのタマネギ10個とともにすべて鍋に加え，2時間コトコト煮込む。
4. オックステールと豚足の水気をとり，大きな丸い深皿に盛りつける。真ん中に野菜，まわりにグリルしたチポラータ・ソーセージと細長く切った豚の耳を添える。ゆでたジャガイモも別の皿に盛りつける。

・・・・・・・・・・・・・・・・・・・・・・・・・・・・・・・・・

●子牛の心臓のブランケット

サラ・タイソン・ローラー著『ローラー夫人の新料理読本 *Mrs Rorer's New Cook Book*』（フィラデルフィア，1902年頃）より

1. 子牛の心臓ふたつを冷水でよく洗い，2.5センチ角に切って片手鍋に入れる。
2. かぶるくらいの熱湯を入れて沸騰させ，アクをとって2時間コトコト煮る。
3. バター大さじ2，小麦粉大さじ2をよく混ぜ，心臓の煮汁を加えて沸騰するまでかき混ぜる。
4. 3に小さじ1の塩，小さじ¼のコショウを入れ，火からおろして卵黄2個を加える。
5. 心臓を皿に盛りつけ，上からソースをかける。じっくりと炊いたライスを添えたら，すぐに食卓に出す。この料理はとびきりすてきな昼食になる。ライスの外に添えられている上手に調理したグリーンピースが，料理をいっそう見栄えよくしてくれる。

◉フォアグラ

オーギュスト・エスコフィエ著，H・L・クラックネル，R・J・カウフマン訳『完全ガイド最新料理法 *The Complete Guide to the Art of Modern Cookery*』（ニューヨーク，1997年）より

1. 温かい料理として提供するために，ガチョウの肝臓はまず，余分な部分をきれいに切り落とし，神経を取りのぞく。
2. 皮をむいた小さな生のトリュフ110*g*（塩コショウで味をつけておく）を散りばめ，少量のブランデー，ローリエ1枚とともにすばやく加熱し，固める。
3. トリュフは，使う前にぴったりとふたをしたテリーヌのなかで冷やしておく。
4. フォアグラにトリュフを散りばめたら，スライスした豚の脂か豚の大網膜で全体を包み，ぴったりふたをしたテリーヌに数時間入れておく。

◉脳みそのフリッター

A・シャウアー，M・シャウアー著『シャウアー家の料理読本』（ブリスベンおよびシドニー，1909年）より

1. 雄牛の脳みそをていねいに洗い，しっかり味付けをしたスープストックで25分煮る。
2. 大きなテーブルスプーン2杯分のきめの細かい小麦粉と，同じく4杯分の冷水を混ぜ，溶かしバター大さじ1，卵黄1個，塩とコショウひとつまみを加えてよくかきまわし，衣を作る。使う直前に，卵白を強めに泡立てて衣に混ぜる。
3. 脳みそが冷めたら薄切りにし，2の衣をつけて，熱した油が半分入った鍋に落としていく。
4. 鍋からあげたら，紙の上で衣についた油を吸わせ，ナプキンか装飾的な敷き紙に盛りつける。

◉フォアグラのロースト

カリカリの鶏皮，鶏の心臓のグレーヴィー，コショウの実のビスケット，スパイス入りハチミツとともに

ジェシー・シェンカー（2012年）のレシピより

A等級のフォアグラ…450*g*（15等分くらいにする）
鶏の心臓…250*g*（余分なものを取りのぞき，水洗いする）
大きな鶏の皮…2羽分（できるだけつながったもの）
全乳…470*ml*
中力粉…60*g*
完全バター…60*g*
タイム…大さじ1（きざむ）
ニンニク…1片（きざむ）
エシャロット…大1本（角切りにする）

クローヴァーハチミツ…235ml
アクティバ*…大さじ2
板ゼラチン…7枚
エキストラ・ヴァージン・オリーブオイル…大さじ1
カイエンペッパー…ひとつまみ
コーシャーソルト**（味付け用）
グレープシード・オイル…2リットル（フライ用）

*味の素が販売するトランスグルタミナーゼ製剤（業務用）。肉を接着する働きがある。
**ユダヤ教徒のための清められた粗塩。

（ビスケット）
ベーキングパウダーを混ぜていない中力粉…375g
塩…小さじ1
砂糖…小さじ1
ベーキングパウダー…小さじ1
砕いたピンクペッパー…小さじ1
バター…大さじ2½（1センチ強の角切りにする）
クリーム…118ml

（鶏皮――24時間前の準備がお勧め）
1. 受け皿つきの穴あきラックの上に鶏皮を広げ，たっぷり塩をふって，冷蔵庫にひと晩入れておく。

（スパイス入りハチミツ）
1. ハチミツ，分量の半分のエシャロットとニンニクとタイムをふたつきの鍋に入れ，ごく弱火で加熱したら，1時間寝かせる。
2. こしてボウルに移しておく。

（鶏の心臓のフィリング）
1. 大きな鍋にバターと小麦粉を入れて中火にかけ，ほんのり色づいてルーになるまで3～5分ていねいに炒める。
2. 別の鍋で牛乳をグツグツする直前まで温め，1のルーにゆっくり注ぎながらかき混ぜてベシャメルソースを作る。火を弱め，2分おきにかきまわしてソースにとろみをつける。
3. 大きな鉄鍋でオリーブオイルを強火で熱し，鶏肉の心臓と肝臓に焼き色をつける。残りのニンニク，タイム，エシャロットを加え，全体がやわらかく，臓物がキツネ色になるまで焼いたら，ボウルに移しておく。
4. 3が冷めたら，大きめの臓物は小さく切る。切りすぎたり，大きなまま残したりしないように気をつける。
5. 4をベシャメルソースのなかに入れて火にかけ，しっかりかき混ぜる。とろみは壁紙用の糊よりわずかにゆるい程度とする。
6. ふやかしたゼラチンを加えてよく混ぜ，塩とカイエンペッパーで味付けをする。平鍋に移して3時間，もしくは固まるまで冷蔵庫に入れておく。

（ビスケット）
1. 材料をすべてボウルに入れて混ぜ，角切りにしたバターを加えて，ベンチスクレーパーか2本のナイフでバ

ターをレンズ豆大に切りながら粉全体に行きわたらせる。
2. クリームを注ぎ，生地がまとまるまで混ぜたら，冷蔵庫で1時間冷やす。
3. 生地を2.5センチくらいの厚さの円盤状に伸ばし，直径1.3センチの丸い型で小さな円筒形にくり抜く。
4. 180℃のオーブンで8分，または生地の底の部分がキツネ色になるまで焼く。

（鶏皮の仕上げ）
1. 鶏皮の塩を洗い流し，ペーパータオルにはさんでしっかりと水気をとる。
2. 鶏皮を5センチ角にはさみで切り，ラップに並べてアクティバを薄くふりかける。粉砂糖シェーカー（電動）を使うのがお勧め。鶏皮の四隅にもしっかりアクティバがかかるようにする。
3. メロンのくり抜き器かティースプーンで鶏皮の真ん中に鶏のグレーヴィーを少量ずつのせ，四隅を折り返して真ん中で合わせたら，ラップをぎゅっとねじってボール状にする。さらにラップを巻いてボールがゆるまないようにする。
4. 冷蔵庫で1時間寝かせたら，沸騰した湯に5分間ボールを入れておき，氷水にとって過熱を止める（湯のなかで皮に完全に熱が通るようにする）。

（仕上げ）
1. ラップをはがし，180度に熱した油で鶏皮を2～3分，またはキツネ色になるまで揚げる。
2. フォアグラに塩をふり，鉄鍋でキツネ色になるまでローストする。
3. ビスケットをオーブンで軽く温める。

（盛りつけ）
1. 皿に細い線を描くようにスプーンでスパイス入りハチミツをふりかけ，その上にフォアグラ，ビスケット，鶏の心臓のフィリングを盛りつけたら，すばやく食卓に出す。オプションとして，ワイルドレタスを付けあわせてもよい。

....

●豚の耳とポークチョップ・パイ

〈リトル・チリ・ケータリング〉のケサル・ブラモール風（2012年）より

（ペストリー生地）
小麦粉（ベーキングパウダーを混ぜていないもの）…100g
バター…45g
塩

1. 材料をすべてフード・プロセッサーにかけ，パン粉状にする。
2. 生地がまとまるまで冷水をゆっくりと加える。
3. 使うまで30分冷やしておく。

（パイのフィリング）
豚の耳…1（10センチ×3センチほど

の大きめの短冊に切る)
ポークチョップ…300*g*(2センチ幅の薄切りにする)
タマネギ…2個(角切りにする)
セロリ…1本(細かいさいの目に切る)
ニンニク…2個(みじん切りにする)
白ワイン…250*ml*
チキン・スープストック…300*ml*
レモン…1個(皮のみ)
セージ
赤トウガラシ…小1個(粗みじんにする)
バター…50*g*
卵…1個(ペストリーに塗る分)

1. タマネギ,ニンニク,セロリを5分炒め,スープストックと白ワインを加えて15～20分とろ火で煮る。
2. 短冊にした豚の耳を加え,さらに1～2時間,必要なら湯をつぎたしながら,コトコト煮る。
3. 鍋から耳を取り出し,できるだけ細く切ってバターで炒め,塩コショウで味付けする(炒め具合は,半量はカリカリになるまで,残りはあとでパイにのせてオーブンで再度熱を入れるため,カリカリになる手前まで)。
4. ポークチョップをバターで炒め,セージ,塩,コショウで味付けしてスープに加える。
5. 中型のパイ皿にポークチョップとスープを入れ,カリカリに炒めた豚の耳を散らす。
6. ペストリー生地をかぶせ,端を皿に押しつけて密封させる。パイの真ん中に穴を開けて,刷毛で卵を塗る。
7. 残りの豚の耳を上に散らし,200℃で15～20分,またはパイにこんがり色がつくまで焼く。

◉デヴィルド・キドニー

トースト…4枚
ヒツジの腎臓…8個
バター…60*g*
粉辛子…大さじ1
ウスターソース…デザートスプーン1
塩・コショウ

1. 腎臓の皮を慎重にむき,冷水で洗ってから押さえるようにして水気をとる。
2. 腎臓を半分に切り,芯を取る。
3. 粉辛子とウスターソースを混ぜる。
4. 鍋でバターを温め,腎臓を加えて塩コショウで味付けし,キツネ色になるまで2分ほど炒める。
5. 火を弱め,ふたをしてとろ火で5分蒸す。
6. 3を加え,さらに少しだけ蒸し煮にしてから,焼きたてのトーストにのせて出す。

◉タイの豚の臓物スパイシースープ

アティタヤ・チェワスワン(2011年)

のレシピより。

1. 豚のモツの取り合わせをひとつかみ，ライムリーフ，ガランガル，魚醤，砂糖ひとつまみを600mlの水で煮たてる。
2. レモングラス，きざんだネギ，チリ，トウガラシ，コリアンダーを加える。シンプルで，香りがよく，美味。

ニーナ・エドワーズ（Nina Edwards）
ロンドン在住のフリーライター。俳優としても活躍。主な著書に，『ボタン——ありふれた物の重要性 *On the Button: The Significance of an Ordinary Item*』（2011 年），『戦争支度——第一次大戦時の軍人・民間人の服装と装飾品 *Dressed for War: Uniform, Civilian Clothing and Trappings, 1914 to 1918*』（2014 年），『草 *Weeds*』（2015 年）などがある。

露久保由美子（つゆくぼ・ゆみこ）
翻訳家。主な訳書に，『セレブリティを追っかけろ！』（ソニー・マガジンズ），『「したたかな女」でいいじゃない！』（PHP エディターズ・グループ），『ボーイズ・レポート』（理論社），『生誕 100 周年　トーベ・ヤンソン展　ムーミンと生きる』（共訳・朝日新聞社）などがある。

Offal: A Global History by Nina Edwards
was first published by Reaktion Books in the Edible Series, London, UK, 2013
Copyright © Nina Edwards 2013
Japanese translation rights arranged with Reaktion Books Ltd., London
through Tuttle-Mori Agency, Inc., Tokyo

「食《しょく》」の図書館《としょかん》

モツの歴史《れきし》

●

2015年12月24日　第1刷

著者……………ニーナ・エドワーズ
訳者……………露久保由美子《つゆくぼゆみこ》
翻訳協力……………株式会社リベル
装幀……………佐々木正見
発行者……………成瀬雅人
発行所……………株式会社原書房

〒160-0022 東京都新宿区新宿1-25-13
電話・代表03(3354)0685
振替・00150-6-151594
http://www.harashobo.co.jp

印刷……………新灯印刷株式会社
製本……………東京美術紙工協業組合

© 2015 Yumiko Tsuyukubo
ISBN 978-4-562-05174-8, Printed in Japan

パンの歴史 《「食」の図書館》

ウィリアム・ルーベル／堤理華訳

変幻自在のパンの中には、よりよい食と暮らしを追い求めてきた人類の歴史がつまっている。多くのカラー図版とともに読み解く人とパンの6千年の物語。世界中のパンで作るレシピ付。　２０００円

カレーの歴史 《「食」の図書館》

コリーン・テイラー・セン／竹田円訳

「グローバル」という形容詞がふさわしいカレー。インド、イギリス、ヨーロッパ、南北アメリカ、アフリカ、アジア、日本など、世界中のカレーの歴史について豊富なカラー図版とともに楽しく読み解く。　２０００円

キノコの歴史 《「食」の図書館》

シンシア・D・バーテルセン／関根光宏訳

「神の食べもの」か「悪魔の食べもの」か？　キノコ自体の平易な解説はもちろん、採集・食べ方・保存、毒殺と中毒、宗教と幻覚、現代のキノコ産業についてまで述べた、キノコと人間の文化の歴史。　２０００円

お茶の歴史 《「食」の図書館》

ヘレン・サベリ／竹田円訳

中国、イギリス、インドの緑茶や紅茶のみならず、中央アジア、ロシア、トルコ、アフリカまで言及した、まさに「お茶の世界史」。日本茶、プラントハンター、ティーバッグ誕生秘話など、楽しい話題満載。　２０００円

スパイスの歴史 《「食」の図書館》

フレッド・ツァラ／竹田円訳

シナモン、コショウ、トウガラシなど5つの最重要スパイスに注目し、古代～大航海時代～現代まで、食はもちろん経済、戦争、科学など、世界を動かす原動力としてのスパイスのドラマチックな歴史を描く。　２０００円

（価格は税別）

ミルクの歴史 《「食」の図書館》

ハンナ・ヴェルテン／堤理華訳

おいしいミルクには波瀾万丈の歴史があった。古代の搾乳法から美と健康の妙薬と珍重された時代、危険な「毒」と化したミルク産業誕生期の負の歴史、今日の隆盛までの人間とミルクの営みをグローバルに描く。 2000円

ジャガイモの歴史 《「食」の図書館》

アンドルー・F・スミス／竹田円訳

南米原産のぶこつな食べものは、ヨーロッパの戦争や飢饉、アメリカ建国にも重要な影響を与えた！ 波乱に満ちたジャガイモの歴史を豊富な写真と共に探検。ポテトチップス誕生秘話など楽しい話題も満載。 2000円

スープの歴史 《「食」の図書館》

ジャネット・クラークソン／富永佐知子訳

石器時代や中世からインスタント製品全盛の現代までの歴史を豊富な写真とともに大研究。西洋と東洋のスープの決定的な違い、戦争との意外な関係ほか、最も基本的な料理「スープ」をおもしろく説き明かす。 2000円

ビールの歴史 《「食」の図書館》

ギャビン・D・スミス／大間知知子訳

ビール造りは「女の仕事」だった古代、中世の時代から近代的なラガー・ビール誕生の時代、現代の隆盛までのビールの歩みを豊富な写真と共に描く。地ビールや各国ビール事情にもふれた、ビールの文化史！ 2000円

タマゴの歴史 《「食」の図書館》

ダイアン・トゥープス／村上彩訳

タマゴは単なる食べ物ではなく、完璧な形を持つ生命の根源、生命の象徴である。古代の調理法から最新のレシピまで人間とタマゴの関係を「食」から、芸術や工業デザインほか、文化史の視点までひも解く。 2000円

（価格は税別）

鮭の歴史 《「食」の図書館》

ニコラース・ミンク／大間知知子訳

人間がいかに鮭を獲り、食べ、保存（塩漬け、燻製、缶詰ほか）してきたかを描く、鮭の食文化史。アイヌを含む日本の事例も詳しく記述。意外に短い生鮭の歴史、遺伝子組み換え鮭など最新の動向もつたえる。 2000円

レモンの歴史 《「食」の図書館》

トビー・ゾンネマン／高尾菜つこ訳

しぼって、切って、漬けておいしく、油としても使えるレモンの歴史。信仰や儀式との関係、メディチ家の重要な役割、重病の特効薬など、アラブ人が世界に伝えた果物には驚きのエピソードがいっぱい！ 2000円

牛肉の歴史 《「食」の図書館》

ローナ・ピアッティ＝ファーネル／富永佐知子訳

人間が大昔から利用し、食べ、尊敬してきた牛。世界の牛肉利用の歴史、調理法、牛肉と文化の関係等、多角的に描く。成育における問題等にもふれ、「生き物を食べること」の意味を考える。 2000円

ハーブの歴史 《「食」の図書館》

ゲイリー・アレン／竹田円訳

ハーブとは一体なんだろう？ スパイスとの関係は？ それとも毒？ 答えの数だけある人間とハーブの物語の数々を紹介。人間の食と医、民族の移動、戦争…ハーブには驚きのエピソードがいっぱい。 2000円

コメの歴史 《「食」の図書館》

レニー・マートン／龍和子訳

アジアと西アフリカで生まれたコメは、いかに世界中へ広がっていったのか。伝播と食べ方の歴史、日本の寿司や酒をはじめとする各地の料理、コメと芸術、コメと祭礼など、コメのすべてをグローバルに描く。 2000円

（価格は税別）

ウイスキーの歴史　《「食」の図書館》
ケビン・R・コザー／神長倉伸義訳

ウイスキーは酒であると同時に、政治であり、経済であり、文化である。起源や造り方をはじめ、厳しい取り締まりや戦争などの危機を何度もはねとばし、誇り高い文化にまでなった奇跡の飲み物の歴史を描く。　２０００円

豚肉の歴史　《「食」の図書館》
キャサリン・M・ロジャーズ／伊藤綺訳

古代ローマ人も愛した、安くておいしい「肉の優等生」豚肉。豚肉と人間の豊かな歴史を、偏見／タブー、労働者などの視点も交えながら描く。世界の豚肉料理、ハム他の加工品、現代の豚肉産業なども詳述。　２０００円

サンドイッチの歴史　《「食」の図書館》
ビー・ウィルソン／月谷真紀訳

簡単なのに奥が深い…サンドイッチの驚きの歴史！「サンドイッチ伯爵が発明」説を検証する、鉄道・ピクニックとの深い関係、サンドイッチ高層建築化問題、日本の総菜パン文化ほか、楽しいエピソード満載。　２０００円

ピザの歴史　《「食」の図書館》
キャロル・ヘルストスキー／田口未和訳

イタリア移民とアメリカへ渡って以降、各地の食文化に合わせて世界中に広まったピザ。本物のピザとはなに？　世界中で愛されるようになった理由は？　シンプルに見えて実は複雑なピザの魅力を歴史から探る。　２０００円

パイナップルの歴史　《「食」の図書館》
カオリ・オコナー／大久保庸子訳

コロンブスが持ち帰り、珍しさと栽培の難しさから「王の果実」とも言われたパイナップル。超高級品、安価な缶詰、トロピカルな飲み物など、イメージを次々に変えて世界中を魅了してきた果物の驚きの歴史。　２０００円

（価格は税別）

リンゴの歴史 《「食」の図書館》
エリカ・ジャニク／甲斐理恵子訳

エデンの園、白雪姫、重力の発見、パソコン…人類最初の栽培果樹であり、人間の想像力の源でもあるリンゴの驚きの歴史。原産地と栽培、神話と伝承、リンゴ酒（シードル）、大量生産の功と罪などを解説。 2000円

ワインの歴史 《「食」の図書館》
マルク・ミロン／竹田円訳

なぜワインは世界中で飲まれるようになったのか？ 8千年前のコーカサス地方の酒がたどった複雑で謎めいた歴史を豊富な逸話と共に語る。ヨーロッパからインド／中国まで、世界中のワインの話題を満載。 2000円

モツの歴史 《「食」の図書館》
ニーナ・エドワーズ／露久保由美子訳

古今東西、人間はモツ（臓物以外も含む）をどのように食べ、位置づけてきたのか。宗教との深い関係、高級食材でもあり貧者の食べ物でもあるという二面性、食料以外の用途など、幅広い話題を取りあげる。 2000円

ドーナツの歴史物語 《お菓子の図書館》
ヘザー・デランシー・ハンウィック／伊藤綺訳

世界各国に数えきれないほどの種類があり、人々の生活に深く結びついてきたドーナツの歴史。ドーナツ大国アメリカのチェーン店と小規模店の戦略、最新トレンド、高級ドーナツ職人事情ほかエピソード多数！ 2000円

スペインワイン図鑑
スサエタ社／剣持春夫ほか監修、五十嵐加奈子ほか訳

仏・伊に次ぐ、世界第三のワイン生産地スペイン。多彩なスペインワインの人気も急速に高まっている。本書は基礎情報とともに、17自治州の産地、歴史、ワインの特徴などを地図とともに紹介した決定版！ 5000円

（価格は税別）